U0004155

結婚一年級生

入江久繪 ◎圖文　陳怡君◎譯

哦，
你是在說這個喔。
總有一天會的啦——

....

我原本就不是個多有志氣的人，看老公如此勤奮振作，我的志氣就更加消失得無影無蹤了

我不要花啦!!

咚——

有一天…
我先生的老家跟我們家距離並不遠，因此週末時家庭成員常會聚集在一起。

是的，那一天大家照常愉快地吃著晚餐…

公公　婆婆　大哥　大嫂

大家聽我講——順便幫我評評理呀!!

火山

新婚生活還愉快吧?

嗯，是啊。當然愉快囉…

不…那是…
對不起啦!

久繪呀…
我實在
不想
這樣
說妳…

我會加油的!

要知道背後有個
好女人支持,
男人才有辦法
出人頭地呀!

氣氛凝重─

回到家後能夠放鬆,
家裡有好吃的飯菜等著,

這些聽起來好像
很普通,卻是男人
在外認真打拚的
動力唷!

我回來了—

今天辛苦了

好好吃喔!

那就多吃點—

對…對不起…

回家之後…

無言

喂…喂…

5

結婚就是為了追求
共同的夢想
一起努力
隨時考慮到
另一半的心情

也因此有了這本書的誕生，
將婚姻生活中
自己必須了解的相關常識，
如

透過這次的事件，
我開始認真思考，
如何讓我們的婚姻生活
更加豐富美滿。

「家事」
「健康」
「理財」
等等，
特別請教過專家之後
集結成冊。

「雖然不至於造成困擾，
但還是想了解一下」

「這種事好像不方便去問別人」等等，

你是否也曾經有過這樣的想法？

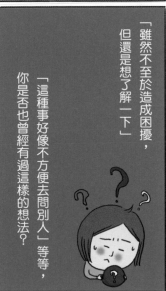

有了這本書，應該就能消減
這一類的疑問與不安了

雖然是
漫畫
卻很
實用哦！

希望能夠對你的婚姻生活
有所助益

給你拍拍手!!

好棒!!

關於理財

理財的基本觀念⋯⋯⋯⋯⋯⋯⋯⋯ 14
購屋開支⋯⋯⋯⋯⋯⋯⋯⋯⋯⋯⋯ 24
育兒開支⋯⋯⋯⋯⋯⋯⋯⋯⋯⋯⋯ 43
保險的基本常識⋯⋯⋯⋯⋯⋯⋯⋯ 50
你應該知道的申請手續與資訊⋯⋯ 63
☆專欄1 培養好體質受孕更容易⋯ 72

關於健康

看護與急救的方法⋯⋯⋯⋯⋯⋯⋯ 74
預防文明病⋯⋯⋯⋯⋯⋯⋯⋯⋯⋯ 84
☆專欄2 定期接受乳癌檢查⋯⋯⋯ 92

中場休息

BOSS 1

START !!

關於家事【料理基本篇】

食材保存的基本常識 ⋯⋯⋯⋯⋯⋯ 94
冷凍保存的要點 ⋯⋯⋯⋯⋯⋯⋯⋯ 98
食物換算參考表 ⋯⋯⋯⋯⋯⋯⋯ 128
你應該知道的料理用語 ⋯⋯⋯⋯ 130

關於家事【打掃＆洗衣基本篇】

打掃的基本常識 ⋯⋯⋯⋯⋯⋯⋯ 134
洗衣的基本常識 ⋯⋯⋯⋯⋯⋯⋯ 157
熨燙衣服的基本常識 ⋯⋯⋯⋯⋯ 174
☆專欄3 如何處理棉被與床具 ⋯⋯ 180

BOSS 2

復原!!

關於家事【收納基本篇】

收納的基本常識 ……………………………………………… 182

後記 ………………………………………………………… 200
資料提供・指導 ………………………………………………… 202
附錄 ………………………………………………………… 204

完美主婦!?

BOSS 3

GOAL!!

入江家

妻子・久繪

結婚一年的新嫁娘。

從沒想過該怎麼做個妻子就嫁人了，以至於新婚生活一團糟。經過某個事件的打擊之後立志要成為完美嬌妻。沉迷電玩。

身高175cm，比老公高出了公分。

先生・阿徹

久繪的老公。

跟專門學校的久繪交往3年之後結婚。

喜歡竹輪、蟹肉棒之類的加工食品。

夢想是打造全世界最幸福的家庭。

關於理財

房子

孩子

保險

編按：
「關於理財」內容已請台灣相關領域專家審訂，購屋貸款、社會保險、育兒開支、社福制度等部分，
均符合台灣相關規定，日圓也轉換為台幣。

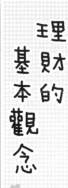

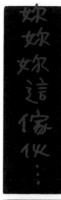

可是
很麻煩耶…

又不是
寫了家計簿
就能存錢了！

噹☆

那麼打電動
就能夠
存到錢了嗎…

呵呵呵

哇啊啊啊

呼嗚嗚嗚

你以為
我喜歡過這種生活嗎！

我想要車子想要房子呀！
照這樣下去
就連孩子也沒辦法生了！

幾小時之後…

可惡～
不過就是錢嘛。
看看有什麼
好訊息…

無所事事

這…
這是！

理財高手
財務管理

理財高手…好響亮的頭銜哪！
請您救救我們入江家吧！

幾天之後……
我前去拜訪辻老師，請她協助我做財務規劃，改善我們的貧困生活。

……事情的經過就是如此。

喔…這樣子呀

首先妳必須了解，結婚後對於金錢就得有全新的概念！

一旦結婚了，就得考慮到另一半以及兩人的未來。

威基基！

和友人去夏威夷

名牌店

用年終獎金將買名牌包

單身時妳想怎麼花錢都不必顧慮太多…

這是什麼東西!?

生涯計畫表

像妳這樣的人，我建議可以做個生涯計畫表。這樣一來就能認真面對妳的財務狀況了！

想過什麼樣的生活…是嗎？

不論是眼前的事或兩人的未來，似乎都沒有具體的想法…

具體來說…你們想過什麼樣的生活，有什麼夢想或目標，夫妻倆一定要認真討論。

生涯計畫表

西元	20XX	20XX	20XX	20XX
經過年數	0	1	2	3
夫 年齡	32	33	34	35
目標	車	車子		自宅
預算		60萬		1500萬
妻 年齡	26	27	28	29
目標	出國旅遊			
預算	6萬			
孩子 年齡	0		2	3
目標	生產費用			幼稚園
預算	5萬			10萬
合計預算	11萬	60萬		

所有的一切一目瞭然，也就能更有把握地追求夢想！

🌸 生涯計畫表的功能是⋯

立定自己或家人「幾年後想完成○○」等目標或夢想，把達成目標需要花多少錢寫在表內。從表格中就能了解幾年後該準備多少錢，並依此訂定具體的資金計畫。

認真面對妳的財務狀況，就能了解該如何逐步實現自己的夢想與目標了

做好生涯計畫表、掌握今後的可能開銷後，就能進行資金管理了。

原則上還是得寫家計簿。想存錢一定得靠家計簿！

看來不寫家計簿不行啊。可是真的很麻煩…

吼，家計簿合計相差個1元或100元又會怎樣啦！

火大ー!!

越是認真的人就越容易感到挫折。若是發現合計差了1塊錢…

對呀，我就是這樣。難道我是那種個性認真的人呀…

因為寫家計簿的目的是「掌握」家庭的經濟狀況，而不光只是「寫下來」！

原來如此!!

覺得記帳很辛苦的人不妨利用這種收據式家計簿

18

收據式家計簿

只需將購物發票或收據收集並記錄下來就好的簡易型家計簿

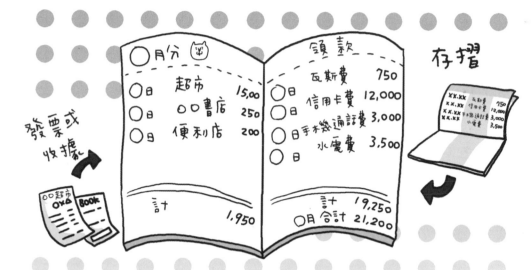

◆依照收據上的日期及領款日期登記在家計簿上

◆刷卡或從存摺領款的款項確認明細後登記在家計簿上

◆不必區分費用別（餐飲費、日用雜貨等）

只要做這些就夠了！利用這種方式可以避免「這筆費用該歸入哪個項目」的困擾，
縮短填寫家計簿的時間。

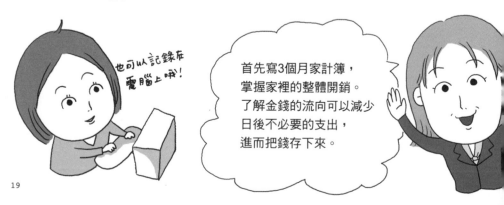

也可以記錄在電腦上哦！

首先寫3個月家計簿，
掌握家裡的整體開銷。
了解金錢的流向可以減少
日後不必要的支出，
進而把錢存下來。

請問…平均的生活費大概是多少？

這個問題不太好回答。因為每個人的生活方式、家中有無孩子等狀況都不一樣。而且都會鄉區的物價也和鄉下地方不同。

這個嘛—

不過是有個粗估的參考值啦！

真的!!

很擔心自己家的開支是不是過多…

生活費參考值

每個家庭花費的優先順序不太一樣，
這些數值僅供參考。
「臨時費用」的預算
最好另外計算。

 房租：不管有多高，都必須控制在30%以下

 儲蓄：最少要存10%。夫妻兩人都有工作的話，目標要訂在30%以上！

 餐飲費：大概是20%。家裡的孩子如果吃得多，那就安排30%。

 水電瓦斯費：夏天與冬季費用會增高。年平均值控制在10%左右。

 臨時費用：10%，例如婚喪喜慶、回老家省親、醫療費用等。平常就要準備，以防萬一。

 娛樂及交際費：10%。其他費用增加時，最容易刪減的部分就是這裡。

 其他：5%。日用雜貨、零用錢、治裝費、自我投資等等。

鬆排～

我家只有2個人，餐飲費卻占了30%之多…

什麼一儲蓄要占1成啊…

看妳的樣子就知道一直沒達成…

嗯…

往後就這樣做吧…

入江小姐家裡是夫妻兩人都有工作吧？

是的！

那麼最理想的方法就是先生賺的錢拿來支付家用，入江小姐賺的錢則全部存起來…

儲蓄

我的錢全都要存起來…

你們現在雖然是雙薪，但女人或許會懷孕生子，不可能一輩子都在工作吧？必須考慮到一旦只有一個人支撐家計時的狀況！

媽咪

說得沒錯…

像我這種散漫的人，該用什麼方法才能把錢存下來？

強烈推薦零存整付儲蓄!!

21

零存整付儲蓄

透過銀行辦理的「自動轉存」

這種方法很適合上班族採用。只要向銀行申請能夠每個月自動代扣金額轉入存款的「自動轉存」服務即可。每家銀行提供零存整付之條件不一，請仔細比較。這種儲蓄方式不但可以獲得利息，領款也不方便，無形中便能累積出一筆可觀的儲蓄。

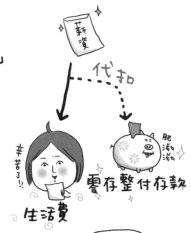

零存整付儲蓄是每當薪水匯入戶頭時，自動代扣一定金額到另外一個帳戶。這個帳戶只用來儲蓄，每個月就能順利地把錢存下來了。

孩子將來的教育費、購買自宅的購屋基金等，依照不同的目的開設不同帳戶，每個月存入固定金額，也是個好方法。

雖然也有人會把剩下來的錢存起來…但人真是一種奇妙的生物，大部分都是手頭有多少就花多少吧？

電玩
買新遊戲

您…您說得是…

嘿嘿嘿

另外就是別動獎金的腦筋！畢竟沒人知道哪一天獎金會被刪減啊！

夏季獎大高取消了…
夏季獎大高取消了…

甚至有人一口氣就把獎金花光光呢！

夏季獎大高再一次
花吧！！
傑克！！

下哪

把所有獎金拿去買PC的人

…入江小姐，現在開始改還來得及啦！

真的!?
當然。加油囉！

那麼，首先就來刪減老公的零用錢吧！

嘿嘿嘿…

這樣好嗎…真擔心這對夫妻啊…

註：地上權的買賣，指購買買者僅取得地上權存續期間的房屋使用權，一般為50年，如與台北轉運站共構的京站。

對呀，
而且也不知道
現在到底
是不是買房子
的好時機…

聽到1500萬
是有點嚇到，
但我們的年收入
又買得起多少錢
的房子？

反正也
買不起…

咦!?
因為想擁有
自己的城堡呀

我的城堡

我先問問
入江小姐，
妳為什麼想要
買房子？

幾天後我又回去找辻小姐

這次是
要諮詢
買房子的
事情呀！

所以，
最好你們夫妻倆
先討論一下，
購屋與租屋
各自的好壞，
看看哪個方式
最適合你們。

租貨 自宅

啊，
對耶…

呵呵，
這樣啊。
不過反過來想想，
妳得好幾年
都被綁在
同一個地方喔！

🏠 獨棟	🏢 公寓大樓
優點 ① 除了房子，連土地也是自己的 ② 可以隨意修建 ③ 不必繳交管理費或修繕費用 ④ 不必擔心鄰居的噪音 ⑤ 可以隨興飼養寵物 ⑥ 大多附有庭院	**優點** ① 大樓範圍內的打掃、管理等所有工作都可交給管理委員會代勞 ② 大多位於車站附近，上班上學交通方便 ③ 兒童遊戲房、大廳等公共設施完善 ④ 高樓住戶的景觀良好 ⑤ 1981年後建造的大樓結構強韌，不論耐震度、氣密性、耐熱性等都非常好 ⑥ 樓梯少，住起來很舒適
缺點 ① 大多位於離車站較遠的郊區 ② 必須自行維修房屋 ③ 對於宵小入侵的防禦能力較大樓差	**缺點** ① 每個月都得繳交管理費與修繕費用 ② 得忍受鄰居的噪音 ③ 飼養寵物受限

嘿嘿嘿

這時候的重點是考慮哪一種適合自己的生活模式。

反正我們住的地方是附近連大樓的影子都看不到的鄉下地方…

……那麼我們來談談買房子的時機好了…

終於來了！我超想知道這一點！

呵呵呵，很抱歉，買房子並沒有所謂「合適的時機」！

為什麼？

僵－

假設要購買1500萬元的房子

（分期30年，採用全年固定利率2％，本息平均攤還）

頭期款	0元	300萬	600萬
貸款（借入金額）	1500萬	1200萬	900萬
每月還款（每月攤還的金額）	55,443元	44,354元	33,266元
30年間還款總額（支付總額）	約1996萬	約1597萬	約1198萬

請問…請問是不是頭期款愈少愈好？

有啊，但請妳看一下這個表格。

頭期款0元和自備600萬，兩者的支付總額竟然相差了將近快800萬!?

沒錯！是不是覺得很笨？明明買的是同一間房子。

真的!! 那我要努力存錢才行！

不過事情沒那麼簡單…

利率的影響力也很大！

假設以不同利率貸款1500萬時各自的支付總額

（分期30年，採用本息平均攤還）

利率／金額	1.5%	2%	2.5%
每月還款（每月攤還的金額）	51,768元	55,443元	59,268元
30年間還款總額（支付總額）	約1864萬元	約1996萬元	約2134萬元

這就得看貸款時的狀況了。

是的，請看這個表格

2.1%之類的

竟然…

註：國內各知名房仲網站提供房貸試算服務。可上網依需求查詢。

呵呵，的確不簡單。

反正基本上存到總價2成左右的頭期款應該就夠了。

若擔心有其他費用，準備3成更好。

對家具也很講究的話，那就得存更多錢了…

3成!?

1500萬的房子要存450萬頭期款…!?

您說的其他費用是指？

購買房屋時需要支付的其他費用梗概參考

其他費用大概得準備「房價的5～10%」才夠

◆ 房產稅、地價稅
◆ 印花稅、契稅
◆ 地政規費
◆ 代書費
◆ 仲介費（可議價）
◆ 辦理房屋貸款時的實際費用
◆ 搬家費、裝潢、家電家具費用

購屋金額的5～10%（視房屋而定）

什麼！還有這麼多要準備喔？

接下來終於要進入「買得起的房屋價格」這個話題了

好緊張喔！

租房子時房租在「手頭金錢的25％以內」大多數人都可以接受，買屋也是差不多道理，房貸控制在20％以內付起來會比較輕鬆…

按照這樣的想法就能得出以下這張參考表…

按房貸占家庭收入比重新計算「可承擔房貸金額」參考值

（利率2%，分期30年）

年收入 ＼ 年收負擔率	15%	20%	30%	40%
100萬	335萬	450萬	675萬	900萬
200萬	675萬	900萬	1350萬	1800萬
300萬	1000萬	1350萬	2000萬	2700萬
400萬	1350萬	1800萬	2700萬	3600萬
500萬	1680萬	2250萬	3380萬	4500萬

這個「可承擔貸款金額」加上頭期款的金額，就是自己買得起的房屋價格。

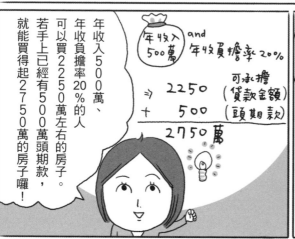

年收入500萬、年收負擔率20％的人可以買2250萬左右的房子。若手上已經有500萬頭期款，就能買得起2750萬的房子囉！

年收入500萬 and 年收負擔率20%

⇒ 2250（可承擔貸款金額）
＋ 500（頭期款）
2750萬

就是用這種方法來計算！也許銀行貸款部門可以貸給妳更多錢，但這樣一來有可能增加家庭的經濟負擔，我並不推薦這麼做！

那麼，我們該去哪裡貸款呢？

主要是向提供房屋貸款的金額機構辦理。

申請房貸的流程

→ 向提供貸款之單位提出意願

→ 初步與銀行代表晤談

→ 填寫申請書表

→ 貸款單位會辦理徵信、鑑價評估

→ 提出放款申請

→ 確認貸款之條件及結果

嗯～

選擇
貸款單位
有什麼標準
可依循嗎？

＊

應該人人
都會選
利率低的
方案吧！

不能只看
利率高低
喔！

那麼我就從
1開始逐項
說明吧

這是利小子

您講的這些…
我都不是
很明白耶…

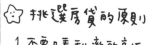

☆ 挑選房貸的原則

1. 不要只看利率的高低

2. 確認貸款時必須支付的
   其它費用

3. 選擇能夠配合生涯計畫表
   的貸款額度

D1. 不要只看利率的高低

每個金融機構提供的服務及借款條件不同，千萬不要只注意借款利率高低，而乎略了其他借款條件（如：還款方式、利率如何調整、提前還款違約金等），借款前要多比較瞭解。

※ 房貸利率訂價架構

1. 目前房貸市場以「指數型房貸」為主流
一年期定存利率為計價基礎 + 銀行作業成本及風險之固定加碼 = 借款人承貸利率

2. 特色
隨存款利率浮動調整，透明度佳，一般以季為單位調整計價之指標利率，但自民國97年市場利率直降，目前以月為週期調整指標利率，可上央行網站查詢各項指標利率。

3. 房貸利率訂定類別又分為
（1）一價到底型利率：房貸利率=定儲利率+固定加碼
（2）階段式利率：房貸利率= 定儲利率浮動

※ 固定利率或機動利率也是選擇房貸的參考

固定利率

以相同的利率償還貸款，方便訂定還款計畫，在預期市場利率會上升時是不錯的選擇，適合低利率時選用。但是預期上升幅度與上升的時間會和實際不相同，可能會負擔較高的利息，這就是固定利率的風險。

機動利率

隨市場利率而變動，不方便訂定還款計畫，但對借款人比較公平，但若市場利率短期不會快速上升，或者是上升幅度不大，對房貸支出的影響相對小。但會有利率上升的風險。

但選擇機動利率的話，也有利率上升的風險。假如5年後利率提升到3%的話…每個月的還款金額就是63241元。利率一但上升了2%，增加到4%時就變成71612元。每個月的還款金額就會增加將近8千4百元喔！

胖嘟嘟 4%
瘦巴巴 1%

當然也有可能碰到利率下降啦，但這就要碰運氣了…

ONE PAIR
翻牌

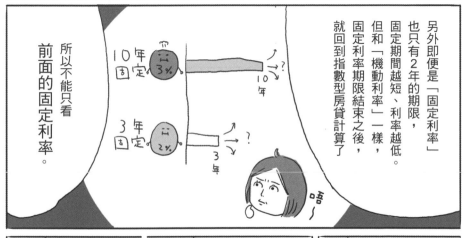

另外即便是「固定利率」也只有2年的期限，固定期間越短、利率越低。但和「機動利率」一樣，固定利率期限結束之後，就回到指數型房貸計算了

10年固定 3%
3年固定 2%
10年
3年

所以不能只看前面的固定利率。

唔～

這樣嗎？照這樣說不就沒人會選擇機動利率了？

……

不會的。對於趁「低利率」期間「短時間內還清」的人來說，機動利率反而有利！

是喔！

不過這話題對我來說都還太早了，八字都還沒一撇呢…

存款少得可憐對吧…

除了利率，貸款時還得同時考慮衍生的其他費用喔！

即便貸款金額相同，不同金融機構所產生的其他費用有可能相差好幾十萬以上喔！

拉 貸款 拉 利息 其他費用

在貸款過程中除了支付分期的貸款、利息外，還有其他費用：

◆銀行的手續費　　◆開辦費

◆作業成本　　　　◆開戶成本

◆帳戶管理費　　　◆擔保品鑑價費

◆信用查詢費　　　◆代償費

※貸款銀行也會要求貸款人為抵押的房屋投保足額保障的火險及地震險，保費依房產價值及投保金額而不同。這些費用會在銀行撥款時扣除。在貸款期間，保費會每年定期扣除。

※貸款人可以查看最新的『總費用年百分率』做為評比，金管會自民國95年起規定各銀行要公開揭露『總費用年百分率』，『總費用年百分率』是消費者的重要參考指標。計算項目包含利率、各項費用如帳戶管理費、開辦費、信用查詢費、各種銀行收取的費用、貸款金額、貸款期間。可以反映出貸款的真實成本。

全盤考量最重要！

最後要講的是這個，

3.選擇能夠配合生涯計畫表的貸款額度

如果主要都是以先生的收入來支付貸款⋯

但若是太太的收入較高、或是還沒有小孩時，就可以考慮由兩人一起來負擔房貸。

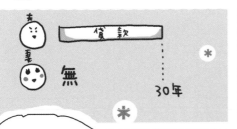

依照生涯計畫表來決定房貸的案例

✳ 如果一人是家庭主婦時

夫
妻　無
貸款
⋯⋯30年

✳ 如果兩人都有工作時

夫
妻
貸款
貸款
⋯⋯20年

✳ 10年後太太將離開職場時

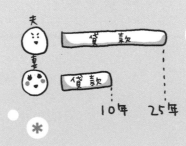

夫
妻
貸　款
貸款
10年　　25年

沒錯！這麼一來，才會清楚了解哪種房貸方式最適合自己。

所以不管怎樣選擇，重點還是要看生涯計畫表是如何規劃的。

大家還真厲害呀，竟然能存下這麼多錢…

呵呵呵

那個笑聲是什麼意思啊？

像入江小姐這種情況，其實有個方法可以讓妳一舉成功喔！

嘿嘿嘿

什麼！什麼方法？幹嘛不早點說啊？

哇啊啊啊

真的假的?!好羨慕喔！

拜託父母幫忙呀！根據資料，其實有一半以上買房子的人，都是靠父母資助呢！

不過要注意資助的金額！

超過一定額度的話，會被徵收贈與稅唷！

嘿嘿嘿

贈與稅

由父母親資助購買自用住宅時的注意事項

對不起～

嘿哥

贈與稅

年內220萬內

目前規定一年內的贈與金額在220萬以內是不會被課徵贈與稅的。要注意親屬間的財產移轉或資金往來，有可能被認定為贈與而被課徵贈與稅，因此，在作移轉安排前，宜請教專家。

向親戚借錢的注意事項

只要注意以下4點就可高枕無憂,不必擔心國稅局上門找麻煩!

之1. 一定要寫借據

明白寫出借款金額、目的、還款期限、利率、還款方式,並且有債權人、債務人各自的簽名與蓋章等,以文件方式留存。

之2. 採取能夠輕鬆取得還款證明的還款方式

透過匯款轉帳等方式還款,可以在存摺內留下明細紀錄,輕鬆就能取得還款證據。若是以現金還款,記得每次還錢時都要請對方寫收據,以證明資金流向及原因,以免被國稅局視為贈與,課徵贈與稅。

之3. 以一般的利率為標準值

即便是跟父母借錢,也不能不付利息。此時可以參考銀行的牌告利率。利率若是訂得太低,跟一般利率的差額將可能被課徵贈與稅。由於利率沒有一個既定基準,若是不放心,可以請教國稅局。

之4. 還款期限要考慮債權人的年紀

假設父母親已經高齡80歲,貸款期限卻訂35年,這種擺明「不還錢」的借款方式非常危險。

買了房子之後還得支付的主要費用

1. 地價稅

土地所有人每年都得繳交的稅金。稅額依所居住的區域或房產而定，購買前最好先確定。可以事先洽詢房仲業者。

2. 房屋稅

只要是房屋或建築改良物皆應課房屋稅。

3. 房屋產險

貸款時銀行要求相對於貸款的保險，通常是地震險及火險。每年都要支付。

安心安心

4. 大樓：大樓管理費、修繕費用
　獨棟：十幾年之後的維修費用

大樓住戶每個月幾乎都要支付管理費。支付金額依房屋而定，管理費大概在每坪60-120元左右。獨棟房屋則有可能得自行修繕屋頂、外牆等部分。

每個月

差不多該維修一下囉

幾年以後

喔…好啦

辻老師的

當頭棒喝…

那就努力存頭期款吧！

但我還是很想買房子呀！

入江城

實現夢想後，就得接受現實世界一連串的嚴苛考驗囉～（笑）

要花的錢真多呀…

房價

天啊啊啊

連體嬰

育兒開支

最近超煩惱的…

孩子!!
孩子!!

抱孩

婆婆大人

才藝班
醫療費
飲食費
學費
尿布錢
呼一呀一
孩子(想像圖)

咳咳…

我也很想要孩子呀，但是…

呼一呀一

咕嚕

沒有多想就生了孩子。但家裡沒什麼錢…

老是吃不好也吃不飽
衣服破破爛爛

你這個窮鬼!!
又窮又臭!!

因而在學校
一天到晚被欺負…

結果我被老師叫去學校
訓斥一頓…

請您給孩子穿著
乾淨整齊的
衣服來上學
好嗎……

對不起!!

真對不起啊!!

天啊

44

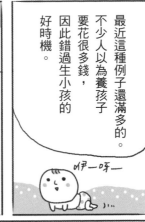

最近這種例子還滿多的。不少人以為養孩子要花很多錢，因此錯過生小孩的好時機。

對呀…也許是因為太忽視這議題，反而令人陷入更嚴重的不安…

我自己也有兩個孩子…孩子生了之後，自然有辦法養活他們啦！

耶一

不過看妳還是挺不放心的。那就來看看這整個流程好了。

好，那就拜託您了！

興致勃勃

首先是「生產需要花費的金錢」

生產需要花費的錢

根據中央健康保險署的規劃，由各健保特約婦產科醫院及診所發給孕婦一本「孕婦健康手冊」即可享有十次免費產檢，在懷胎十月期間，為了孕婦順利地完成檢查，免經轉診，且不必部分負擔，各設有婦產科的醫院及診所，均提供該項服務。目前全民健保已將十次孕婦產檢與生產費用全部納入健保給付範圍，其中涵蓋了多項優生保健相關內容，對婦幼保健助益很大。

定期檢查

1.領有孕婦健康手冊者，每次掛號費50~150元
　整個孕期共十次產檢，共1千5百元(不含自費項目)
2自費項目：
　羊膜穿刺、唐式症篩檢、額外超音波檢查等(各醫院收費不同)略計約計，有些縣市補助唐式症篩檢，約備2萬元

生產費用

項目	費用
待產	無痛分娩6千~1萬元
住房費用 (健保病房)	單人病房：3千~7千5百元 雙人病房：1千5百~3千元
膳食(醫院訂餐)	一天約350元
新生兒篩檢費用	4千~5千元

各醫療院所的收費不一，在此僅能估算。如果在公立醫院自然生產並全部以健保給付，無自費情況，預估約2萬元左右。

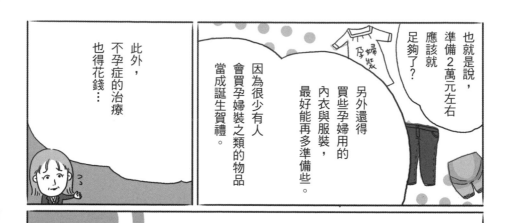

也就是說，準備2萬元左右應該就足夠了？

因為很少有人會買孕婦裝之類的物品當成誕生賀禮。

另外還得買些孕婦用的內衣與服裝，最好能再多準備些。

此外，不孕症的治療也得花錢…

不孕症的治療費用

國內不孕症治療並無保險給付需全額自費，除非經診斷需要治療執行的手術（如，子宮肌瘤、子宮內膜異位、子宮肌腺瘤等），將因每家保險公司或投保項目而有不同的保險給付。

＊人工受孕費用一次約1.5萬~2萬元
＊試管嬰兒費用一次約12~15萬元

加油哦！

不孕症治療是沒有保險給付的…

不過有些市區城鎮會提供補助金，妳可以去洽詢看看！

（有所得限制）

即使不必自費就已經夠辛苦了說!!

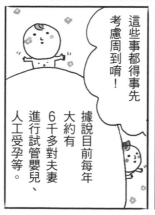

這些事都得事先考慮周到唷！

據說目前每年大約有6千多對夫妻進行試管嬰兒、人工受孕等。

順利生下孩子之後，接著就要考慮養育費用了。

生產之後22年總共的花費

養育費 ＋ 教育費 ＝ 總花費

基本的養育費			
生產・育兒費用	5萬	22年的保險醫療、理美容費	約25萬
0-3歲保母費	60萬	22年交通費用	約27萬
22年的飲食費	150萬	22年的零用錢總額	約70萬
22年的服裝費	45萬	孩子的各種私有物品費用	約18萬
		合計	約400萬

公・私立學校教育費（小學只有公立學校）					
幼稚園2年	公立	約3萬元	高中3年	公立	約5萬1千元
	私立	約30萬元		私立	約60萬元
小學6年	公立	約2萬4千元	大學4年	公立	24萬元
	私立	120萬元		私立	50萬元
國中3年	公立	約1萬8千元			
	私立	約60萬元			

舉例來說

公立幼稚園 3萬元	私立幼稚園 30萬元	私立幼稚園 30萬元	私立幼稚園 30萬元	私立幼稚園 30萬元	私立幼稚園 30萬元
公立小學 2萬4千元	公立小學 2萬4千元	公立小學 2萬4千元	公立小學 2萬4千元	私立小學 120萬元	私立小學 120萬元
公立國中 1萬8千元	私立國中 60萬元	公立國中 1萬8千元	公立國中 1萬8千元	私立國中 60萬元	私立國中 60萬元
公立高中 約5萬1千元	私立高中 60萬元	公立高中 約5萬1千元	私立高中 60萬元	私立高中 60萬元	私立高中 60萬元
公立大學 24萬元	私立大學 50萬元	私立大學 50萬元	公立大學 24萬元	公立大學 24萬元	私立大學 50萬元
教育費合計 36萬3千元	教育費合計 202萬4千元	教育費合計 89萬3千元	教育費合計 118萬2千元	教育費合計 294萬元	教育費合計 320萬元

＋ 基本的養育費 400萬元

＝	＝	＝	＝	＝	＝
436萬3千元	602萬4千元	489萬3千元	518萬2千元	694萬元	720萬元

這樣看來，養孩子真的很花錢啊！

即便到大學都是上公立學校，也得花掉將近500萬呀…

500萬元

沒錯。不過這些並不像入學金那樣必須一次完全付清。

主要是讓妳有個目標，知道「幾年後得準備多少錢」。只要一點一滴慢慢存，絕對沒問題！

零用錢、飲食費等總額看起來驚人，但如果換算成一個月，數字就沒有想像中可怕了！

必須一次付清的費用的確是不多。

亮一 亮一

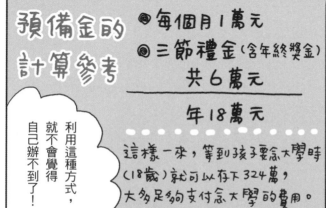

預備金的計算參考

利用這種方式，就不會覺得自己辦不到了！

◎每個月1萬元
◎三節禮金（含年終獎金）
共6萬元

年18萬元

這樣一來，等到孩子要念大學時（18歲）就可以存下324萬，大多足夠的支付念大學的費用。

沒錯！生了孩子之後，最好馬上每個月都存預備金。

補習、才藝班每個月花費參考

補習項目	費用(元)
音樂教室	3000～5000
舞蹈(武術)教室	1500～3000
安親班	5000～6000
英文班	2500～5000
國高中各科補習	3000～5000

※不含註冊費、樂器、運動器材、會費、教材費用等一次性支出

保險的基本常識

某天早上

好想去見…

好想去見…

辻老師！

哇啊啊啊

現在又是怎樣了啦!?

我剛才作夢了。夢見老公死掉…

別說這種不吉利的話！

因為我的肚子裡已經有孩子了，接下來的日子該怎麼過啊～

夢裡的我才會那樣曠嗨大哭…

天哪——

但為什麼這種夢會讓妳想去見辻老師？

一大早哭哭啼啼的煩死了……

在夢中老公死掉之後保險公司理賠給我100萬元

沒想到我媽卻因而勃然大怒…

當初幹嘛不投保多一點！

春嬌女兒!!

100萬給您

明明是我死掉，岳母卻還說出這麼刻薄的話⋯

你快講清楚，我們家現在的保險是什麼狀況？

我⋯我⋯

呃⋯

我記得應該是⋯有投保吧？

你這樣子怎麼叫人放心，真受不了你耶！

⋯⋯

妳好啊！

不過你別擔心，我這就去請教辻老師！

怎麼全變成是我的錯了⋯？

老實說，我作了一個老公死掉後經濟陷入困境的夢⋯

唉呀⋯

垂頭喪氣

嗚嗚嗚

老師，上次多謝啦！我們有2天沒見了耶～

是啊⋯今天要談保險呀。怎麼了？

51

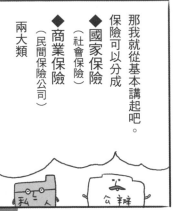

保險有太多專有名詞，種類也五花八門，真的很難懂…

那我就從基本講起吧。保險可以分成
◆國家保險（社會保險）
◆商業保險（民間保險公司）
兩大類

所謂國家保險是指全民健康保險嗎？

是的

國家保險

全民健康保險

全民健保為強制性的社會保險，全民納保，全民就醫權益平等，當民眾罹患疾病、發生傷害、或生育，均可獲得醫療服務。

國民年金

主要目的在於保障年滿25歲以上、未滿65歲，且未參加軍、公教、勞、農保的國民納入社會安全網，使其在老年、生育、身心障礙甚至死亡時，被保險人及其遺屬能獲得適足的基本經濟生活保障。

勞工保險

在提供勞工於遭遇非自願性失業事故時，提供失業給付外，對於積極提早就業者給予再就業獎助，另對於接受職業訓練期間之失業勞工，並發給職業訓練生活津貼及失業被保險人健保費補助等保障，以安定其失業期間之基本生活，並協助其儘速再就業

就業保險

勞保提供年滿15歲以上、65歲以下之下列勞工，應以其雇主或所屬團體或所屬機構為投保單位，全部參加勞工保險為被保險人。

給付包括：生育、傷病、失能、老年、死亡、職災醫療等給付。

只要你是上班族，每個月都會從薪資中自動扣勞健保的費用，因此很少會去注意到。

的確，只知道每個月的薪水都會被扣掉一筆不少的金額…

基本上，勞健保保障不足的地方，就得靠商業保險來補足了。

商業保險

由民間企業經營的保險。有人壽保險、傷害保險等，保障大致分成三種：

身故保障

被保險人身故或嚴重傷殘時可獲得理賠金。主要產品有定期保險、終身保險等。

醫療保障

因疾病或受傷住院、手術時可獲得理賠金。主要產品有醫療保險、癌症險等。

老年保障

年老之後可獲得保險金。主要產品有養老保險、個人年金保險等。

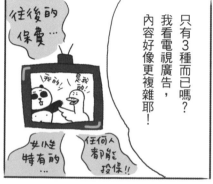

只有3種而已嗎？我看電視廣告，內容好像更複雜耶！

住後的保費…

任何人都能投保!!

女人是特有的…

的確。不過基本上就是這3種，之所以覺得複雜，是因為另外加上「附約」之類的產品的關係。

附約？

剛才講的3大項是「主契約」。

「附約」則是為了補強主契約而另外設置的保險選項。

就拿汽車來說，車子本身是主契約，汽車導航就等於是附約。

哦，可以舉一些例子嗎？

汽車 ＋ 導航 保險 ＋ 附約

更加充實完善!!

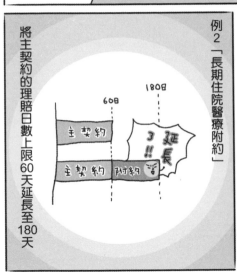

例2「長期住院醫療附約」

將主契約的理賠日數上限60天延長至180天

60日　180日

主契約

延長3!!

主契約　附約

例1「女性疾病附約」

若是罹患女性特有的疾病，就能獲得比主契約更多的理賠金額

輪到附約出場囉!!

有加倍理賠唷!!

嗚嗚癌

附約

主契約的理賠金額

我懂了！加上附約之後，保障就更完整了！

答對了。不過要注意當主契約的保險到期之後，附約的保障也會跟著結束喔！

不過附約無法獨立存在，

目前為止講的我都清楚了⋯但我究竟該如何幫自己挑選合適的保險呢？

真想把全部的附約都加上去喔⋯

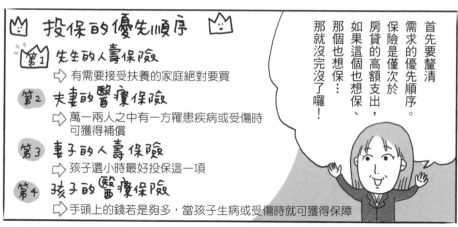

投保的優先順序

第1 先生的人壽保險
　➡ 有需要接受扶養的家庭絕對要買

第2 夫妻的醫療保險
　➡ 萬一兩人之中有一方罹患疾病或受傷時
　　可獲得補償

第3 妻子的人壽保險
　➡ 孩子還小時最好投保這一項

第4 孩子的醫療保險
　➡ 手頭上的錢若是夠多，當孩子生病或受傷時就可獲得保障

首先要釐清
需求的優先順序。
保險是僅次於
房貸的高額支出，
如果這個也想保、
那個也想保…
那就沒完沒了囉！

的確，
若是有家人要扶養，
100萬元
是太少了點。
以下是大致上的
參考值：

先生的人壽保險
排第1位呀。
那要保多少金額
才夠？

在夢裡，
老媽嫌
100萬太少，
還因此大發雷霆…

家庭收入主要來源者過世時 所需的理賠保障金額建議

孩子人數	需要的保障額度
無	300~500萬
2人以下	500~800萬
4人以下	800~1000萬

如果住家是租來的，還得另外考慮房租的錢。

貸款買房子的人也要考慮房貸吧？

購買房子時可投保「房貸壽險」嗎？

貸款人只要有加保，一旦身故即會以理賠金來繳清貸款。

評估一下自己的保險，如果保險不足，就另外購買商業保險。

※正在採收南瓜

這樣喔。比起來的話，租屋的人不論發生什麼事，都得繼續繳房租呀…

也不見得如此喔。請看下一頁

我們家沒有那麼多錢買保險啊…

原來如此。不過，要投保上千萬的保險，每個月就得支付高額的保險費吧…

人壽保險的主要種類

＊定期壽險

保險人在保險期間（10~30年）死亡才能獲得理賠。由於繳納的費用不會退還，保費相對便宜。

＊終身壽險

壽險的保障持續一輩子，當保險人身故時便可獲得理賠。中途解約時可取回保險解約金，保費因而較高。

＊養老壽險

保險期間身故時可獲得理賠金，期滿依舊健在時則可領回保險滿期金。兼具儲蓄功能，性質比較接近儲蓄險及年金險，保費因而較高。年金險在國內有躉繳方式。

由於保費及保障額度的考量，通常保險業務員會依個人的情況以定期壽險搭配終身壽險來設計保單。

以投保壽險1千萬元為例…

投保時30歲的每年保費金額

定期　3萬元

終身　32萬2千元

※實際情況依個人狀況而有不同英與自己的保險業務詳談。

相差這麼大喔？可是定期壽險沒辦法領回，感覺有些吃虧耶。想要保險與儲蓄兼得，看來只好選擇養老壽險了。

深思中…

也有人會這麼想啦…但儲蓄型的壽險保費相對偏高，雖然說是儲蓄，卻不能想領就領…

就我個人來看…不要把保險與儲蓄相提並論似乎比較好。保險歸保險、儲蓄歸儲蓄。而且還能自由決定是否繼續加保！

可是，我對不能領回這件事還滿在意的。

靈光乍現！

如果是在每個月付1萬元，繳20年後（240萬）能夠領回300萬的時代當然划算。老實說，在利率還不錯的10幾年前買的養老壽險，大多能領回比繳的錢更多的理賠金。

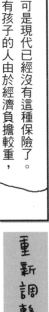

可是現代已經沒有這種保險了。有孩子的人由於經濟負擔較重，選擇保費便宜、保險額度高的定期保險才合適。有多餘的錢，儲蓄起來更實在。

您說得對。為了支付高額保費變得無法儲蓄，反而傷腦筋！

是否應該針對年齡重新調整保險內容？

比起年齡，我認為「當家庭狀況有所變化時」更需要重新檢討保險內容。

20幾歲

30幾歲

40幾歲

重新調整保險內容的時機

孩子經濟獨立之後
由於不需要再把錢花費於孩子身上，可以調降人壽保險的額度。

妻子（開始/辭去）工作時
辭掉工作的話保障額度需調高。開始工作的話保障額度可考慮調降。

生了孩子之後
必須調高壽險的保障額度。

買了房子之後
加入團體人壽保險，一旦身故，房貸也就不必再支付了。由於房子產生的費用減少，壽險保障額度或許可以考慮調低。

總以為買了保險之後放著就可以高枕無憂…看來這樣做是不行的，一定要按照家庭的狀況，重新檢視必要的保障需求與保險額度

接著來看看與疾病相關的保險吧！

住院1天○○○元
得救了!

我經常在電視上看到住院1天理賠2千元之類的廣告！

對，就是那種。

選擇醫療保險時除了考慮保障內容，也要同時注意以下幾個重點

◇挑選醫療保險時的重點◇

① 住院日額

住院日額越多、保費也就越高。保險額度依個人所得及家庭負擔狀況不同，原則上只要在最低限度即可以，不足部分以存款支應。

② 保障期間

人只要活著就可能生病、受傷，保障能夠持續終身的話當然最好。

③ 保險費

考慮到老年之後的狀況，先生退休後就不必再付保險費的商品是最令人放心的（例如60歲之前能付清）。可以搭配生涯計畫表來選擇。

④ 以個體方式購買醫療保險

以附約方式加在主契約下的醫療保險，保費相對比較便宜。但由於附約會受到主契約的牽連，最好是以個體的方式購買醫療保險。

（例）孩子獨立之後想退掉人壽保險，但因為底下加了醫療保險這個附約，只好繼續繳付壽險的保費。
（例）妻子的醫療保險附加在先生的人壽保險內，一旦先生身故，妻子的醫療保障也會跟著消失。

啊，有哇。

我只是在嘆息，

當大人好辛苦啊…

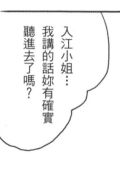

入江小姐…

我講的話妳有確實

聽進去了嗎？

呼…

關於保險的事情。

一定要認真思考

陷入困境，

家庭經濟

發生變故時

為了

預防萬一

呵呵呵。

有了自己的

家庭後，內心就會

更加感激自己的雙親。

原來，

他們在許多小地方

都為我們設想

周全了呢！

真的耶…

當天回到家之後，

馬上就去翻找保險文件…

到底收到

哪裡去了…

是！

等我回去之後，

馬上把保險的相關文件

都找出來！

看來…

這就是

入江小姐

跨出的

第一步…

嘿嘿♡

你應該知道的申請手續與資訊

某一天的入江家

唔—嗯

老公，會不會有人送錢來我們家呀？

別說這種像高中生講的幼稚話好嗎！

長腿叔叔♪

啊，辻老師有說過，叫我記得去辦退稅以及社會福利提供的補助款等等手續！

詳細情形妳應該都不記得了吧？

可是長大成人後，要支出的花費有增無減哪！

的確是啦…我懂你的心情。

不要打扮成這副德性！

※高中生

之前老是去麻煩辻老師，這次我該試著靠自己了。

再去煩辻老師的話，她一定會很傻眼吧…

資料我可是收集了一堆呢

妳都看得懂嗎？

一字排開！

63

…好。

OK，就是這樣！

我們先來看看任何人都能請領的「一次給與生育補助金」

☆一次給付生育補助金☆

各縣市政府大多自行依財政狀況開辦生育補助，申請方式請洽詢各縣市戶政事務所。

縣市	補助額
台北市、新北市	每胎2萬元
台中市	每胎1萬元
新竹市	第一胎1萬5千元
	第二胎2萬元
	第三胎以上2萬5千元
	雙胞胎5萬元
	三胞胎以上補助10萬元
台南市	第一胎6千元
	第二胎以後1萬2千元
高雄市	二胎每胎6千元
	第三胎後每胎1萬元

答對了。但我們家不需要擔心這個！

沒問題

中槍

「高所得的人就不能申請了？」

「根據所得」的意思是…

另外還能申請「兒童津貼」，某些津貼是根據所得發放。

兒童津貼

分為全國性與地方性補助。全國性的兒童津貼分為「建構友善托育環境～保母托育費用補助」及「5歲幼兒免學費教育計畫」兩大方案：

補助方案	建構友善托育環境～保母托育費用補助	5歲幼兒免學費教育計畫
補助內容	0~2歲 ・一般家庭：每月3千元 ・中低收入戶：每月4千元 ・低收入及弱勢家庭：每月5千元	・就讀公立園所免繳學費，就讀 私立合作園所每年最高補助3萬元。 ・弱勢家庭，公立每年最高再補助新臺幣2萬元，私立3萬元。

以上兩項補貼之申請方式及限制條件，詳見內政部官網查詢；而各縣市政府提供的補助項目及金額會依財政情況而有所變動，詳細情形請向各縣市政府戶政事務所或社會局。

生得越多、領得越多哦！

津貼 國家

實在太好了！

所以千萬別忘了申請哦！

我一定要努力賺大錢，衝破所得上限啦！

很好。老公加油哦！

鬥志旺盛

兒童醫療補助計畫

這是一種由國家支付弱勢兒童醫療費個人負擔部分的補貼制度。適用對象年齡與條件依各地方政府規定，詳細情況可洽詢當地社會局的承辦單位。

無視我的存在…

另外台北市還有補貼兒童醫療費用的「兒童醫療補助計畫」耶！

妳這傢伙！只會出一張嘴…

嗯嗯

上班族媽媽或剛辭職的媽媽，除了一次給與生育補助金或兒童津貼之外，還能申請其他補助，只是請領的金額會因生產後的身分不同而有所差異。

偷瞄

接下來是因生產而「暫停工作」或「辭掉工作」的人要注意的事項…

其它可能請領的補助金

★ 育嬰留職停薪津貼

就業保險被保險人的保險年資合計滿一年以上，子女三歲前，補助金額按被保險人月投保薪資60%計算，每一位子女合計最長發給6個月；父母若都是就業保險被保險人，應分別請領。

★ 勞保失業給付

被保險人同時具備下列條件，得請領失業給付：

1. 非自願離職。
2. 至離職退保當日前3年內，保險年資合計滿1年以上者。
3. 具有工作能力及繼續工作意願。
4. 向公立就業服務機構辦理求職登記，14日內仍無法推介就業或安排職業訓練。

＊「非自願離職」是指被受僱單位解僱，自行離職或因不當行為被解僱者不在保險範圍。

＊給付標準：發給6個月平均月投保薪資百分之60，自申請人向公立就業服務機構辦理求職登記之第15日起算。失業給付最長發給6個月。

★ 低收入戶補助

低收入戶各項生活補助	現行補助標準
低收入戶兒童生活補助 一、取得低收入戶資格者 二、符合第2、3款低收入戶戶內15歲以下的兒童少年	每人每月2千6百元
	台北市每人每月1千9百~7千3百元
	金門縣每人每月2千元
低收入戶就學生活補助 一、取得低收入戶資格者 二、符合第2、3款低收入戶戶內高中職以上在學學生	每人每月5千9百元

※如有需求或疑問，請洽戶籍所在地鄉(鎮市區)公所。

關於所得稅扣除額規定

（以102年綜合所得稅為例），可扣抵項目都需要證明文件等，最好將收據統一收好。

扣 除 額		項 目	金 額
一般扣除額			
（擇一）	標準扣除額		夫妻合併申報15萬8千元。
	列舉扣除額	捐贈	依受贈對象有不同限額。
		醫藥及生育費	無金額限制。以付與公立醫院、全民健保特約醫院、診所等之會計紀錄完備醫院為限。
		災害損失	核實認列無金額限制。
		自用住宅購屋借款利息	每戶以1屋為限，且房屋為納稅義務人、配偶或受扶養親屬所有。
		房屋租金支出	每戶以12萬元為限。
特別扣除額		薪資所得特別扣除額	每人10萬8千元；全年薪資所得未達10萬8千元者，僅得就其全年薪資所得總額全數扣除。
		身心障礙特別扣除額	每人10萬8千元。
		教育學費特別扣除額	每人2萬5千元；不足2萬5千元者，以實際發生數為限。
		幼兒學前特別扣除額	每人每年扣除2萬5千元。

※更多詳細扣除項目及申報方式請見國稅局官網

會被加計二代健保補充保費的所得有：

1. **高額獎金**：投保單位給付全年累計超過當月投保金額四倍部份的獎金。
2. **兼職所得**：非所屬投保單位給付的薪資所得。但第二類被保險人（指無一定僱主或自營而參加工會者）的薪資所得，不在此限。
3. **執行業務收入**。但依健保法第20條規定以執行業務所得為投保金額者之執行業務收入，不在此限。
4. **股利所得**。但已列入投保金額計算保險部份，不在此限。
5. **利息所得**。
6. **個人租給公司、企業、機關的租金收入**。

怎麼所得愈多，要繳的東西也愈多?!

哇哈哈...

剝削精光！

做得越多，收入反而變少！

但也不要因為多交保費或所得稅，就不努力賺錢啦。

那麼妳就拚命一點，多賺點錢！

對耶。我也該偷偷存些私房錢才是，呵呵呵...

這麼做很可能會自食惡果唷！

可是辻老師自己不也說過，賢慧的老婆一定會有一本老公不知道的秘密存款簿？

有嗎？

人生路上禍福難測，存下來的這些錢，還不都是為了以防萬一。

但也沒必要瞞著先生偷偷存就是了。

只是有些人身上若是有點錢就容易怠惰，還不如讓他以為沒有錢，才有動力為了生活去打拚。

是這樣嗎...

現在的我理財知識比以前更豐富了，從今以後要更努力賺錢，達成擁有夢想之屋的願望！

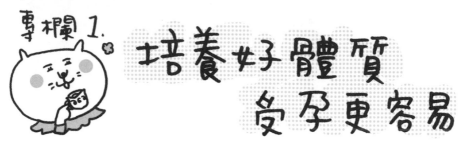

培養好體質 受孕更容易

沒想到不了解懷孕基本常識的人還滿多的。期待為人母的妳只要能夠牢牢記住這些知識，一定能助妳一臂之力，達成孕育新生命的美夢！

要點1. 測量基礎體溫

記錄每一天的基礎體溫，讓妳更輕鬆掌握容易受孕的日期，同時還能盡早發現是否懷孕，或者是不孕的原因。

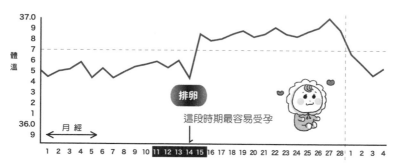

要點2. 控制體重

體重太輕或太重都容易導致不孕。尤其是快速減肥，絕對不可輕易嘗試，因為容易造成無月經或無排卵月經。不論男性或女性，BMI值最好都能維持在22（請參考79頁）。

要點3. 維持良好的血液循環

血液循環不良的人不容易懷孕。散步、游泳等全身運動，或者是半身浴，都能有效促進血液循環。平常也要盡量避免穿緊身褲、調整型內衣等會勒緊腰部的服裝。

要點4. 抒發壓力

長期累積壓力容易造成賀爾蒙混亂、導致月經異常。一旦感覺到壓力時，就要盡快排解。精油療法、逛街購物等，找出最能令妳抒發壓力的方法吧。

2

關於健康

結婚才半年老公就胖了5公斤…

之前

現在

鮪魚肚

雖然大家都告訴我這個叫做「幸福肥」…

你這個幸運的傢伙！

嗚嗚～

同事→

但我想事實應該是…

咕嚕咕嚕

卡滋卡滋

啤酒山

←啤酒山

小賴懶散散…

「吃太多」以及「運動量不足」吧…

呵呵呵…

真受不了！明明就是妳弄髒的！

很囉嗦耶！

你一言

我一句

那邊去整理一下啦！

什麼？妳去啦！

因為健康檢查的結果
而慌張了起來…

一開始總是一笑置之的老公也…

緊張不安

你的膽固醇過高

醫生

甚至主動去找醫生報到

高島Clinic

緊張不安

緊張不安

為我們服務的是高島診所的高島院長
以及院長夫人高島正護士

♦模特兒體型♦

美女

型男

頭腦好

纖細

長腿

※ 我的圖不足以表現兩位的完美…

同樣是日本人，怎麼會相差這麼多…？

差強人意體型

大餅臉

凸肚腩

個兒雖高…
中看不中用

這種生活方式持續下去的話，
很有可能罹患糖尿病、高血脂、
高血壓等文明病！

吃太多
運動不足
壓力大

這麼短的時間內
增加了5公斤…

而且膽固醇
也稍微偏高了點…

這也是引發
腦中風、心肌梗塞等
可怕疾病的元凶！

一旦罹患糖尿病或高血脂症，
血液變得黏稠，脂肪、膽固醇
便會附著在血管上…

緊接著血管
會變得狹窄，
最後就整個塞住了！

千萬別以為
自己不過是
二、三十歲
就掉以輕心！

可是我們
都還年輕…

那些不都是
中年以後才有
可能罹患的
疾病嗎？

這種文明病
因為又稱成人病，
才會有此誤解。
但其實未成年
卻已是患者大有人在。

十幾歲就…!?

如今已經出現
十幾歲就有糖尿病、
高血脂症的患者。

全部
我都有哦！啊哈哈

這些習慣罹患文明病的機率非常高!!

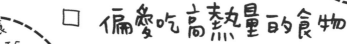

- ☐ 偏愛吃高熱量的食物
- ☐ 飲食不均衡
- ☐ 常吃零食
- ☐ 經常喝酒
- ☐ 有抽菸習慣
- ☐ 運動不足
- ☐ 經常累積壓力

做健康檢查時要注意這些!!

超出基準值的項目一定要盡早改善生活習慣哦!

每1～2年就要做一次健康檢查。公司若沒有提供健康檢查,一些地方政府也會提供這項服務,請多注意住家當地的資訊。

* 血壓 收縮壓 140 mm Hg 以下
        舒張壓 90 mm Hg 以下

* 總膽固醇 220 mg/dl 以下

* 壞膽固醇 140 mg/dl 以下
  (LDL膽固醇)

* 中性脂肪 30～149 mg/dl

* 空腹時的血糖值 65～109 mg/dl

透過BMI值 與腰圍檢測自己的身體狀況

$$BMI = 體重(公斤) \div 身高(公尺) \div 身高(公尺)$$

檢查BMI值	未滿18.5	18.5～未滿25	25以上
	體重偏低	正常	體重過高

什麼是代謝症候群?

計算你的「BMI值」看看,若是超出25,就得當心了。因為你罹患糖尿病或高血壓的危險性將大幅上升。飲食當只求「八分飽」,朝著最健康的BMI值22努力吧。

即使你的BMI值沒問題,腰圍若大於85公分(女性90公分)的話,表示內臟堆積有脂肪,這種體型同樣容易罹患文明病,也就是所謂的「代謝症候群」。總之,肥胖不僅僅只是外觀上的問題而已。「老公變胖,自己也跟著胖了起來……」有這種困擾的人,不妨一起開始減肥吧!

遠離「文明病」的飲食生活

要預防「文明病」，最重要的還是從飲食著手。太太做的每一餐，可以說是攸關先生身體健康的最大關鍵。每天若是抱持著：「喔，無所謂啦」的心態度日，血液將會逐漸變得黏稠。相反地，只要稍微用點心，每一天血液都會是乾淨通暢的。

一日三餐 餐餐都要注意營養均衡！

基本上，一天的飲食可分成早、中、晚三餐。最近有許多人一天只吃兩餐，這種飲食方式會使身體變得容易堆積脂肪，一點兒也不推薦（相撲選手一天只吃兩餐，就是基於這個原因）！此外，攝取的食物必須注意營養均衡。但要堅持「碳水化合物為10，蛋白質就要占4成……」這樣的飲食方式，老實說真的不容易。因此不妨先從「各種食物都要攝取一些」的方式開始做起吧。以每餐都要吃10種類食物為目標，做菜則採取日式料理的方式來處理。

健康關鍵字… 均衡攝取各類食物

豆類　芝麻　海帶芽　蔬菜　魚類　菇類　根莖類

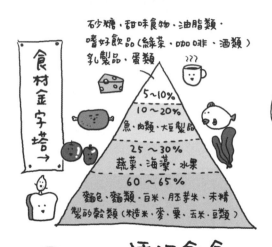

砂糖、甜味食物、油脂類、嗜好飲品（綠茶、咖啡、酒類）乳製品、蛋類

食材金字塔→

5～10%

10～20%
魚、肉類、大豆製品

25～30%
蔬菜、海藻、水果

60～65%
麵包、麵類、白米、胚芽米、未精製的穀類（糙米、麥、粟、玉米、豆類）

要管理平日的飲食生活，不妨參考左邊的「食材金字塔」來攝取一天所需要的營養

透過飲食讓血液保持通暢！

清清爽爽

黏黏稠稠

這裡介紹的各種食材，可以幫助黏稠的血液恢復清爽通暢。絕大部分是黃綠色蔬菜、氣味濃厚的、酸味的、黏呼呼的食材，以及青魚、黑色食物等效果極佳的食物。每一餐都要積極地攝取這些食物。

好臭

黃綠色蔬菜
菠菜、青椒、紅蘿蔔、番茄等。

氣味濃厚的食材
洋蔥、大蒜、韭菜、芹菜、紫蘇等。

黏呼呼的食材
山藥、秋葵、納豆、海帶芽、滑菇、醋漬昆布絲等。

酸味的食材
醋、梅乾、檸檬或葡萄柚等柑橘類水果。

黑色的食材
羊栖菜、海帶芽等海藻類，以及黑豆、黑芝麻、黑醋等。

青魚
秋刀魚、沙丁魚、竹筴魚、鯖魚、鮪魚、柴魚等。

快快暢通吧！我的血液們!!

遠離「文明病」的飲食生活

1. 運動!!

推薦伸展操、瑜伽、健走等有氧運動。有氧運動具有「消除中性脂肪與內臟脂肪」「降低血糖值與血壓」等令人欣喜的諸多效果。目標是一天運動30分鐘！如果有困難，不是每天做也沒關係，即便一天只能運動5分鐘也好。夫妻兩一起開心運動吧。此外，平常可以捨棄電梯、改走樓梯，或者快步行走。最重要的是，一定要養成平日就積極運動的好習慣。

伸展操 痛痛痛痛啊

瑜伽

健走

2. 消解壓力

人體一旦承受壓力，血壓跟著上升，很容易造成中性脂肪或內臟脂肪的增加。生活中不太可能完全沒壓力，因此最重要的是找出消解壓力的方法。

悠哉的泡澡

看看搞笑節目 咚—

呼嚕—呼嚕— 睡飽6～8小時

點芳香精

真可愛！ 做一些有興趣的事情

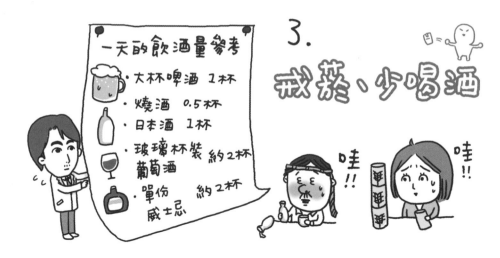

3. 戒菸、少喝酒

一天的飲酒量參考
- 大杯啤酒　1杯
- 燒酒　0.5杯
- 日本酒　1杯
- 玻璃杯裝　約2杯
　葡萄酒
- 單份　約2杯
　威士忌

哇!!

哇!!

酒喝得太多，容易引起肥胖、高血壓或糖尿病。遵守1天的飲酒標準量，努力讓自己每個星期最少有2天不要喝酒。

總想著「找個時間來戒菸」的人，就從今天開始吧。大家都知道，香菸對身體百害而無一利。香菸裡的尼古丁會導致高血壓，一氧化碳則會引發動脈硬化。除了文明病，罹患咽喉癌、肺癌的機率也會大大增高！

呃!!

百害而無一利

結果…	剛洗完澡	晚上	中午	早上
腰痠痛 不健康	當然要喝這個! 啤酒	咻～ 又是吃肉	便利店的便當 幾乎都是肉食	蒙頭大睡
健康	伸展操	魚類 沙拉 日式為主	自己帶便當 大量蔬菜	日式早餐

我回來了……

喔，回來啦……

嗚嗚……好累……
而且全身發冷……

我去拿體溫計！

…你看起來狀況不太好耶！

這…你感冒了！

放心，我會好好照顧你的！

感冒的人一定要吃稀飯。
另外還要補充體力的肉類！

可是我完全沒有食欲…

吃不下也得給我吃！
多吃一點才痊癒得快！

別…別逼我啦…

強灌硬塞

84

20分鐘後…

呼，真累人啊！
再來就是好好睡一覺，
很快就是好好痊癒了！
很好～

好…
好想吐…

食物被
硬逼著吃光光

筋疲力竭

滿意

另一天…

啊，
我流鼻血了！

是喔。

這時候要在脖子後方…

高敲敲

鼻血還是流個不停…

可能
是我搞錯
治療方法了…

難道妳是隨便
應付一下的…？

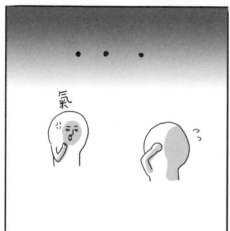

氣

幾天後…

我被深感有生命危險的老公硬拉著再次去見高島院長

哇啊～

這種看護方式，即便能治癒的病也好不了…

而且止鼻血的方法也沒有醫學上的根據。

看來有不少人都是照著自己的方法來處理感冒…

默默後退

還好這次只是流鼻血，萬一先生或孩子燙傷，

或者是中暑，妳知道該如何處理嗎？

完全不知道…

中暑

外傷

湯傷

呵呵呵，為了避免將來遇到時手忙腳亂，趁現在趕緊學會吧！

先生也要一起來唷！

拜託兩位了!!

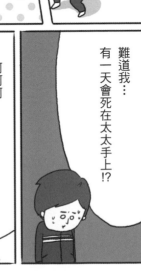

難道我…有一天會死在太太手上!?

拉肚子是身體將毒素排出體外的一種作用。只要毒素全部排出，就不會繼續拉肚子。

與其亂吃止瀉藥，不如讓身體發揮自然的治療能力。

不過，若是出國旅行回來後出現腹瀉，可能是阿米巴痢疾或霍亂引起，一定要馬上去醫院就診。

嚴重拉肚子時的看護方式

1. 保暖

保暖就行

肚兜 & 暖暖包

2. 補充水分

溫溫的熱茶
OR
不會太冰的運動飲料

＊ 適合吃哪些食物？

容易消化的食物當然是最好。避開「油膩」「辛辣」「堅硬」「生食」「冰冷」之類的食物，以免刺激腸胃。

＊ 做菜時的注意事項

廚房裡暗藏著許多細菌，做菜的過程中若是混入了這些細菌，一旦吃下肚就很容易拉肚子。砧板、菜刀一定要清洗乾淨，最後還要用熱水消毒。不要太相信冰箱的功能，新鮮食品要趁早使用完畢。

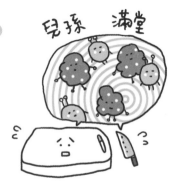

兒孫 滿堂

平日就要記得常「洗手」與「漱口」，避免感冒上身。萬一感冒了，至少要做好「保暖」「保濕」「補充水分」等基本措施。

1. 保溫

病人覺得冷或熱時的處置方式並不同。

覺得冷時

（剛感冒時）

再多蓋一件被子保暖。

覺得熱時

（與病菌戰鬥中）

將冰枕或冰毛巾、冰敷包放在頭部、額頭上降低體溫。這時候很容易流汗，每隔一陣子就要更換內衣褲。

2. 保濕

喉嚨乾燥的話，細菌很容易侵入體內唷。

漱口

排出口腔內的細菌，保護喉嚨避免乾燥。

戴口罩

避免喉嚨乾燥，防止細菌四處飛散。

房間的濕度

濕度要保持在60%以上。

3. 補充水份

即便沒有食欲，至少也要補充水分。建議可以多喝稍微冰過的運動飲料，因為裡面含有的成分與點滴差不多相同！

對於感冒的諸多疑問

Q. 感冒時可以泡澡嗎？

體溫若是在37℃左右，泡澡是沒有關係的。不過，離開浴缸後要馬上躲進被窩，以免著涼。體溫若高於38℃，最好避免泡澡。「真的很想洗澡」的話，不妨利用擦澡的方式，但只需脫掉要擦拭的部位，以免著涼。

1.把乾淨的毛巾浸入適溫的熱水後擰乾，可隨興噴灑一點氣味清爽的精油。
2.在要擦拭的部位由末端往心臟的方向擦。不要用力的前後擦拭，而是利用毛巾的熱氣軟化污垢後再輕輕擦掉。

Q. 吃哪些食物比較好？

沒有食欲的話不必勉強吃東西。油膩的食物會造成腸胃負擔，一定要避免。只有補充水分也OK。退燒之後會慢慢恢復食欲，此時可以吃一點好消化的稀飯、烏龍麵或果凍飲料，補充養分。吃些冰淇淋也可以唷！

Q. 剩下的藥該如何處理？

還沒把醫生開的藥吃完，感冒就痊癒了的話……
- 含有抗生素的藥物→把剩下的藥全部吃完
- 其他藥物→病如果已經好了，藥沒吃完無所謂

※藥品存放在陰暗處可保存半年，下次感冒時就可以拿出來使用。只是感冒症狀多少會有點不同，最好還是去看醫生，領取新的藥物比較安全。

Q. 怎樣做才可以避免把感冒傳染給他人？

感冒是很容易傳染的疾病。為了避免全家人都病倒了，請務必注意以下事項：

垃圾要馬上處理

病人使用過的衛生紙尤其要小心。若無法立刻丟棄，可放在有蓋子的垃圾桶裡，或者丟進垃圾袋後把袋口綁緊，以免細菌四散。

隔離寢室

病人的房間裡充滿了細菌，除了照護者之外，其他人最好待在其他的房間。

馬上清洗用過的毛巾和餐具

病人使用過的物品絕不可與他人共用，一定要立刻用清潔劑洗乾淨。

戴口罩

咳嗽或打噴嚏的同時，會有好幾十萬甚至幾百萬的細菌跟著四處飛散。口罩記得要每天更換。

受傷時的緊急處理方式

平常就要知道一些急救方法，萬一遇到狀況時才不會手忙腳亂。緊急處理完畢後，若有需要還是得去醫院。若是遇到嚴重的傷害或疾病，一定要先叫救護車，然後進行緊急處置。

流鼻血

以壓住鼻翼、身體往前傾的方式止血。經過10～15分鐘後鼻血若還是流不停，就得馬上去醫院。

骨折

疼痛難耐、腫脹得很厲害、臉色蒼白時，就有可能是骨折了。冰敷患部並將患部固定、盡量讓它不會移動，然後趕緊去醫院。

可以利用厚的雜誌或雨傘等

燒燙傷

立刻以大量流動的水沖洗患部降溫，減輕疼痛。不能直接以冰塊敷在燒燙傷處。若是患處覆蓋著衣物，千萬不要硬將衣物脫下來，直接沖水降溫。因大範圍的燒燙傷前往醫院後，醫院同樣也會對患部先進行降溫。

腰部僵直

貼上貼布後躺著。仰躺會造成疼痛加劇，此時可將身體蜷曲起來，以較舒適的姿勢靜養。

異物跑進眼睛裡

以手撥動流水潑在眼睛上。

刀傷、擦傷、刺傷

用力按壓

出血量多的話，可以紗布用力壓住傷口。不再繼續流血後立刻清洗傷口，消毒後貼上OK繃。傷口如果很大，可以敷上紗布後以繃帶捲起來。血流不止的深度傷口，先以紗布用力按壓傷口，然後立刻去醫院。

嘿嘿嘿…

處置得當

被貓狗抓傷或咬傷

立刻以水清洗患部，並進行消毒。為避免破傷風導致喪命，一定要馬上去醫院治療。

中暑

將患者搬運到涼爽的地方、脫掉外衣，並且在頸部、腋下、膝蓋內側等有較粗血管流通的部位進行冰敷，或者淋點常溫的水，幫助身體降溫。患者若失去意識，一定要先叫救護車，然後進行前述的處置。

喉嚨有異物梗住

如果是幼兒，趕緊將他倒立並拍打背部。大人的話則利用咳嗽的方式把異物吐出來。若是咳不出來，讓患者臉朝下、用力拍打他的背部。如果看得到阻塞物，也可以用手將它掏出來。

被蜜蜂或蜈蚣螫刺

蜜蜂的針刺若殘留在患部，可用小夾子將它拔除（手不要碰觸到針刺）。以嘴巴用力吸吮患處，把毒吸出來。患處清洗乾淨後，塗上含有抗組織胺成分的藥劑。

被尖刺或玻璃片、釘子刺傷

以乾淨的小夾子取出後消毒傷口。傷口如果持續疼痛或化膿時，表示異物很有可能還殘留在體內，必須盡快去醫院。如果是被鉤子之類刺傷造成較大的傷口，不要拔掉異物，直接去醫院就診。

有這些就更放心了！
家庭常備藥物＆衛生用品

每半年檢查一次存貨量及有效期限，萬一要用到時就不會慌張失措了。

 ＊鎮痛退燒藥劑

 ＊胃藥

 ＊感冒藥

＊創傷藥膏

 ＊止癢藥物

 ＊消毒藥水

 ＊漱口水

 ＊藥布

 ＊口罩

 ＊OK繃

 ＊棉花棒

 ＊體溫計

 ＊乾淨的小夾子

 ＊冰枕（冰敷包）

專欄 2.

定期接受乳癌檢查

在台灣，是女性癌症發生率第一位，死亡率第四位。每年約有7千5百人罹患乳癌，1千6百人因乳癌死亡，台灣乳癌好發在45-64歲之間。

乳房攝影檢查介紹

- 對於無症狀的早期乳癌，或觸摸不到的乳癌，可在乳房攝影看到顯微鈣化點，有助於早期發現。
- 使用低輻射劑量X光透視乳房的技術
- 適合50歲以上無症狀婦女之乳癌篩檢。
- 歐美國家研究證實，定期乳房攝影篩檢，約可降低20％-30％的乳癌死亡率。
- 乳房攝影準確度並非100％，仍有15％的乳癌無法偵測到（自費約2000元左右）。

乳房超音波檢查介紹

- 為非侵襲性，無放射線疑慮的檢查，它是利用高頻率探頭(7～10MHz)發射超音波來掃瞄乳房及腋下，經由超音波的反射，再將反射的音波資訊傳送到電腦而整合出乳房影像。
- 可以顯示乳腺的各層結構，腫塊的形態及其質地，對惡性腫瘤的診斷有一定的幫助，亦可用來導引細針抽吸細胞檢查或粗針組織切片。
- 可針對乳房X光攝影所發現的腫塊，做進一步的檢查。
- 一般較適用於年輕女性，因年輕女性的乳房中腺體的成分比例較多，使用乳房攝影反而不易和其他異常的組織作區分，並且有放射線的問題（如懷孕、哺乳等…）。

乳房超音波檢查適合的對象

- 年輕女性的乳房疾病。
- 觸診或X光攝影發現的乳房腫塊。
- 乳房疾病的追蹤檢查。
- 乳房手術前的定位(自費約1000元左右)。

政府補助以下婦女每兩年一次乳房攝影檢查，持健保卡免費檢查

- 45~69歲。
- 40~44歲且其二親等以內血親（母親、姊妹、女兒、祖母、外祖母）曾患有乳癌。

資料來源：國民健康署網站

92

3

關於家事

料理基本篇

食材保存的基本常識
哇~好熱喔~啤酒啤酒！
呼~
知道知道，早就先放冰箱了！
啦啦啦
啤酒♪
嘿嘿~
打開
哇—
怎麼了!?
這是什麼狀況？
抖抖
咦？
這是…啥東西啊？
這是…啥東西啊？
不是我要的答案！
幹嘛把怪東西放在冰箱裡？害我不小心摸到了啦！
汁液
我想想…它的原形是什麼呢？會滲出汁液的…
刺鼻~
我哪知道！妳負責去把它處理掉！
這東西也許是洋蔥吧…
刺鼻
哈哈哈哈
沒想到洋蔥竟然會變成這副模樣！
呵♥

收‧拾‧乾‧淨！

有時間蹲在那裡傻笑，不如快點

好一

瞪

這東西怎麼會腐爛？是妳買太多了嗎？

發臭～

這東西不是週末買的嗎？我平日要上班，哪有時間處理啦！

唉…

而且我不喜歡要用時卻發現食材用光了！

怎麼可能！家庭主婦遇到大特價，絕對會熱血沸騰、大買特買呀！

戰力＋足

今日牛奶特價

超級便宜!!
週末限定

週末 SALE!!
30元

那就買用得完的分量就好啦！

話是沒錯…

完美嬌妻呀！

因為我想做個用心的

嘛～

妳還滿

呵呵呵

原來這樣做就能延長食材的保存期限呀！

嘿嘿

電腦

生活常識
保存食材的方法

我了解妳的心情，但沒辦法解決嗎？

唔…

就趁這時候把不懂的事全部問清楚吧？否則妳這個人是不會有任何改變的！

…

把妳的劣根性徹底清除掉！

好…好啦

幾天後…

"懶媽媽的生活智慧袋"

網站管理人

友繪小姐，您好年輕哦…

哦，是嗎？好開心唷～

傻笑

其實我原本是個懶惰的媽媽唷！

咦!?真的嗎？

您這麼博學多聞，還以為您的年紀應該會再大一些…不好意思耶！

呵呵呵，這樣嗎？我在網頁上給人的感覺確實是如此啦

所以才會為了那些不想忙得團團轉的主婦們開設這個網站

是喔，所以也適合我這種超級怕麻煩的人囉？

倒如讓洋蔥放到腐爛發臭…

當然啦，怕麻煩的人一定很容易就掌握到偷懶的要領！

怕麻煩的代表 ←人物

哇一

耶一

那就請您趕緊指點我們吧！

耶一!!

首先是關於食材的保存方法…

不過，保存方法再好，食材本身的品質如果很糟，一切都是白搭。

所以「分辨好食材」的能力特別重要。

好食材!?

哦，如果碰到價錢一樣時，我都是挑大的買…

白蘿蔔 20元

手感秤重中

並不等於「大」就等於「好」哦。

每種食材都有各自的挑選要點。

1. 如何分辨好食材
2. 一般保存方式
3. 冷凍保存方式
4. 下廚前的準備工作

我會在下一頁依照

1. 如何分辨好食材
2. 一般保存方式
3. 冷凍保存方式
4. 下廚前的準備工作

等四大項歸納成表格，提供給大家參考

冷凍保存的要點

稍微花點心思，就能讓冷凍的食物依然美味好吃！

重點 1. 不是馬上要吃的食材立刻冷凍保存！

新鮮的食材盡早冷凍，是最基本的原則。把食材攤平拉直後再冷凍。使用鋁盤的話可以縮短冷凍時間。

重點 2. 徹底排除水分和空氣

帶水分的食物冷凍後容易結霜，食物也會變得乾燥。食材接觸到空氣，也會變得容易損壞。以紙巾將食物的水分擦乾，再以保鮮膜仔細包好。利用吸管把保鮮袋裡的空氣排出，效果更好。

重點 3. 寫上日期，以免忘記要吃!!

這個也冷凍、那個也冷凍起來，日子久了難免會忘記食材是何時冷凍的……要避免忘記，最好在包裝上寫下「在○○日之前要用完」之類的提醒。

重點 4. 立起收納，食材一目瞭然！

利用書架或箱子將食材立起，哪個食材放在哪裡一眼就看得清清楚楚。肉類和肉類放一起、蔬菜與蔬菜放一起……按照食材的種類分類收納，就更方便識別了。

重點 5. 盡快使用完畢

食材冷凍起來並不表示可以永久存放。本書中沒有特別寫出保存期限的項目，肉類或蔬菜冷凍大概可以保存2～3星期，生鮮冷凍的蔬菜類大約是2星期，加熱後再冷凍的話則大概能保存1個月。

有了這些小幫手，冷凍食材就更方便了

•密封盒　•密封保鮮袋
•保鮮膜

這些是冷凍保存食材的基本器具。容易吸收氣味的食物、容易結霜的食物（水分較多）等，可以先以保鮮膜包好再放進保鮮袋或密封盒。

★ 製冰盒

最適合用來冷凍煮好的高湯或肉汁、滷汁、湯等液體食材。就「方便取用需要的分量」「冷凍後直接放著備用」來看，也算是非常好用的一種器具。

冷冰冰
★ 鋁盤

想趁新鮮冷凍保存食材，一定要在短時間內就讓食材冷凍。將食材放在導冷性佳的鋁盤上，就能急速冷凍，也可以鋁箔紙代替。

※本文中的「保鮮袋」指的是「密封保鮮袋」。沒有密封功能的袋子則稱「塑膠袋」。

整條魚

眼睛清澈明亮，
魚肉具有彈性。

購買當天如果沒有馬上要吃，
剔除內臟與魚鰓並以清水沖
淨，擦乾水分後以保鮮膜包
好，再放進冰箱冷藏。

取出內臟與魚鰓後抹鹽，擦乾水分再以保鮮膜包好，放入保鮮袋中之後冷
凍。加熱過的魚若要冷凍，先把魚骨及魚皮剔除，只冷凍魚身。冷凍可保
存約3星期。放進冰箱冷藏室即可解凍。

小型魚可直接烹飪。竹筴魚、鯛魚等內臟分量較多的魚類必須先剔除內臟
及魚鰓，沖洗乾淨並擦乾水分，撒鹽靜置15分鐘後即可料理。

被切片了

切片魚

（白肉魚）肉
身透明，包裝
內沒有積血水
或水分。
（紅肉魚）挑選顏色偏深的
魚片。鮪魚之類的生魚片，
要挑選筋呈平行排列者。
（青魚）具有彈性、眼睛清
澈者。

切片魚大多是
先冷凍過後再
解凍販售，買
回去後盡量避免再次冷凍，
盡快食用完畢。

擦乾水分後一
片一片以保鮮
膜包好，放進
保鮮袋裏冷凍，大概可保存
3星期。可以放到冷藏室解
凍，或者直接拿來烹煮。鮪
魚冷凍過很容易變色，可以
用醬油醃過再調理。

將魚稍微沖一
下水後擦乾水
分。如果想剝
掉魚皮，冷凍之後再解凍，
就能輕鬆解決了。

被曬乾了…

魚乾

魚身帶有光澤且透明，魚體呈現圓鼓
狀，沒有水分（出水）。

烤過頭魚肉會變硬，料理時要特別
注意。以皮7肉3的比例來燒烤，就能
烤出一條好魚了。

魚乾的脂肪容易氧化，買回來當天
吃是最理想的。如果要放個1～2
天，請置入冰箱冷藏。

將魚乾一條一條以保鮮膜包好，放進保鮮袋內冷凍。冷凍後的魚乾
可以直接拿來燒烤。保存期限約2個星期。

 如何分辨好食材　蝦身透明，
蝦頭及蝦尾與身體牢牢相連。

 一般保存方式　買回來當天若不食用，
請冷凍保存。

 冷凍保存方式　剔除背部的沙腸、擦乾水分後以保鮮膜包好，放進保鮮袋內冷凍。冷凍可保存約1星期。放進冰箱冷藏室即可解凍。

 下廚前的準備工作　（剔除背部沙腸的方法）蝦子水洗乾淨後讓蝦背拱起，以牙籤穿過蝦背、挑出黑色的沙腸。撒上太白粉後以水沖淨，可去除蝦肉沾染上的冰箱味或黏液。

 新鮮花枝

 冷凍保存方式　抹上少許酒，切成容易處理的大小之後冷凍，可保存約2星期。放進冰箱冷藏室即可解凍。

 下廚前的準備工作　慢慢拔除觸鬚，只使用身體的部分。小心清除內臟與軟骨，讓身體保持完整。從尾翼（三角形的部分）將皮剝除，靠近腳處的眼睛也拿掉。戴上手套，剝皮就更輕鬆了。

 如何分辨好食材　透明且帶有光澤，觸摸時吸盤的吸力良好。

 一般保存方式　買回來當天若不食用，請冷凍保存。

 如何分辨好食材　表皮呈褐色，帶有光澤。觸摸時吸盤的吸力良好。若是燙過的章魚，摸起來要具有彈性。

 一般保存方式　買回來當天若不食用，請冷凍保存。

 冷凍保存方式　抹上少許酒，切成容易處理的大小之後冷凍，可保存約2星期。放進冰箱冷藏室即可解凍。

下廚前的準備工作　把頭（身體）往下擺，小心取出墨囊及內臟。撒上大量的鹽巴仔細搓揉，去除黏液。出現泡沫時沖水，然後再次抹鹽。重複數次以上的動作，最後以流動的清水把鹽沖洗乾淨。

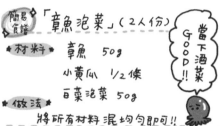

簡易食譜　「章魚泡菜」（2人份）

★材料　章魚　50g
　　　　小黃瓜　1/2條
　　　　白菜泡菜　50g

◆做法　將所有材料混均勻即可!!

當下酒菜　GOOD!!

100

生牡蠣

蚵體通透飽滿，貝唇的黑色部分感覺很新鮮。

不必水洗，直接保存在5℃的環境下，盡早食用。

帶殼的牡蠣先把外殼剝掉，蚵體以水洗過後擦乾水分，一顆一顆分開冷凍，約可保存2星期。不需解凍即可直接烹煮，或放進冷藏室退冰後再料理。

以流動的水一顆一顆清洗乾淨。要生吃的話，可泡在白蘿蔔泥中去除黏液及髒污。

如何分辨好食材
（蛤蠣）帶殼的蛤蠣外形整齊，開口緊閉。蛤蠣肉帶有光澤與彈性。
（蜆）外殼顏色深，顆粒大。

蛤蠣・蜆

吐沙之後放進密閉容器內，可冷藏2～3天。

帶殼的話可先吐沙，再擦乾水分放進保鮮袋內冷凍。冷凍可保存約3星期。基本上可直接取出烹調，不需解凍。

（吐沙）以1杯水對1小匙鹽的比例進行吐沙。不須放進冷藏室，置於陰暗處蓋上蓋子。吐沙完畢後以流動的水搓擦沖洗。

具有彈性與光澤，沒有出水現象。

分開放在幾個杯子裡避免壓破魚卵，冷凍約可保存1個月。放進冰箱冷藏室即可解凍。

鮭魚卵

購買當天若不食用，可放進冷凍庫保存。

以鹽或醬油醃漬，放進冷藏室約可保存10天。

鯡魚子

帶透明感且魚卵本身沒有破損，薄皮乾淨完整。

放在冷藏室保存。

如果是已經調理好、帶有醬汁的鯡魚子，可以連同醬汁一起冷凍。

（去鹽）將鯡魚子泡在淡鹽水（1公升水對1小匙鹽）裡，3～4小時後取出，換新的淡鹽水重新再泡。重複以上動作3次。如果是利用晚上睡覺時間泡，6～8小時再換水也OK。以手指將薄皮磨除。

吻仔魚

 如何分辨好食材
魚身白色透明。體型越小越好。

 一般保存方式
放置2～3天後會開始產生臭味，最好盡早食用，或者放冷凍庫保存。

 冷凍保存方式
以熱水燙過去除鹽分，擦乾水分之後放進密封容器內，冷凍可保存約1個月。可自然解凍後直接料理。

 如何分辨好食材
帶有透明感，外膜薄、外形完整無破損。

 冷凍保存方式
一個一個以保鮮膜包好再冷凍，可保存約2個月。可放在冷藏室解凍。

 鱈魚子

 一般保存方式
直接放入冷藏室。最好盡早食用完畢。

 下廚前的準備工作
將新鮮的鱈魚子泡在冷水裡30分鐘左右，去除腥味與黏液。

蒲燒鰻魚

 如何分辨好食材
魚身厚實飽滿，左右兩側沒有捲起。

 一般保存方式
冷藏保存。

剩下的鰻魚醬汁能夠拿來做魚料理的調味將！你可以直接使用，或者另外加一些醬油、味醂等調味。

 冷凍保存方式
不要切塊，直接以保鮮膜包起來冷凍，可保存約3個月。食用前可以微波爐加熱。切成1～2公分小段冷凍的話，不解凍直接取出便可料理，自然解凍後可做涼拌菜。

 一般保存方式
可放置冷藏室保存。開封的話隔天就要食用完畢。

下廚前的準備工作
冷凍過的魚板口感會改變。魚板先切片再冷凍，就能馬上使用了。

 冷凍保存方式
切成適當的大小後冷凍。可直接拿出來料理。冷凍約可保存1個月。自然解凍後可用來調製沙拉等。

 魚漿製衣

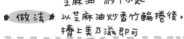 簡易食譜
「美乃滋竹輪捲」(2人份)

材料
竹輪捲 3條
美乃滋 約1大匙
芝麻油 約1小匙

做法
以芝麻油炒香竹輪捲後，擠上美乃滋即可

（牛）肉色呈新鮮的紅色，脂肪為乳白色，沒有滲出肉汁。
（豬）表面柔軟呈淡淡的粉紅色，脂肪為白色，沒有滲出肉汁。
（雞）表面帶有光澤而透明，沒有滲出肉汁。

1～2天內要食用完畢。

每1、2片以保鮮膜包好。牛肉很容易氧化，可以先刷上一點沙拉油再包起來，也可以先調味再冷凍，大約可保存2星期。以熱水燙過的話可保存約1個月。

薄切肉片

厚切肉片

牛肉3～4天，豬肉2～3天內要吃完。雞肉很容易損壞，購買之後隔天之前要料理完畢。

一片一片分別以保鮮膜包好。先調味、沾裹麵衣後再冷凍，料理時就更方便了。冷凍大約可保存2星期。放置冷藏室即可解凍。

牛肉3～4天，豬肉2～3天內要吃完。雞肉很容易損壞，購買之後隔天之前要料理完畢。

與蔥綠、醬油一起滷過，放涼之後連同滷汁一起冷凍，大約可保存2星期。使用前一天先放入冷藏室解凍。

可以煮成滷肉塊、叉燒或油炸後再冷凍。

肉塊

絞肉

絞肉的接觸空氣面較多，很容易損壞，最好是購買當天就用完，或者立即放入冷凍庫保存。

可以直接冷凍，或視需要（炒肉末、做漢堡肉、水餃等）先調味後再冷凍。將絞肉壓薄攤平、再以筷子輕輕畫線，每次就能輕鬆地折取需要的分量。冷凍約可保存2星期。可置於冷藏室解凍。

如何分辨好食材　色澤新鮮、水嫩有彈性。

 一般保存方式　購買當天若不食用，須冷凍保存。

 肝臟

 冷凍保存方式　清燙之後擦乾水分再冷凍，可保存約2星期。可置於冷藏室解凍。

 下廚前的準備工作　（放血）將雞肝或豬肝放入大量的冷水中，牛肝則先放進牛奶裡浸泡10分鐘左右。

 雞翅膀

 如何分辨好食材　肉色粉紅且外皮上的疙瘩明顯。

 一般保存方式　購買當天使用完畢，或者立即冷凍保存。

 冷凍保存方式　可以直接冷凍，或者水煮過後連同煮汁一起冷凍，大約可保存2星期。可置於冷藏室解凍。煮好的料理也可以直接冷凍。

 簡易食譜　「居酒屋風雞翅」

 材料
雞翅膀　10支
醬油　2大匙
味醂　2大匙
鹽、胡椒、芝麻　用量隨個人喜好

做法
1. 鍋中倒入醬油與味醂，煮滾之後熄火。
2. 以低溫（150～160℃）油炸雞翅膀
3. 將炸好的雞翅沾裹1.，再隨個人喜好撒點鹽、胡椒、芝麻即可。

 一般保存方式　沒有馬上吃完的要冷凍保存。

 冷凍保存方式　培根一片一片以保鮮膜包好，也可先切成1～3公分大小。香腸可連同外包裝一起冷凍，或者依需要事先切好長度，料理時就更方便了。冷凍約可保存2星期。

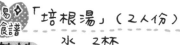 加工食品

 簡易食譜　「培根湯」（2人份）

 材料
水　2杯
培根　100公克
高麗菜　3葉
高湯塊　1個
鹽、胡椒　適量

 做法　將水、高湯塊、切成適當大小的培根與高麗菜放進鍋內，煮到高麗菜變軟。最後灑上鹽、胡椒調味即可。

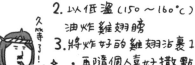

→　完成

葉片色澤深濃，整片葉子從頭到尾都是很有精神地張開著。莖較長的蔬菜表示沒有生長過頭。

以沾濕的紙巾將根部包起來，再整株包好保鮮膜，直立放入冰箱冷藏。

以淡鹽水燙過之後泡入冷水。瀝乾水分後切成適當大小再冷凍。自然解凍後可做涼拌菜，也可直接從冷凍室取出煮湯或炒菜。

青菜

蔥白部分結實，蔥綠青翠。

直立放入冰箱冷藏。根部帶泥的話可以報紙包好之後直立放在陰暗處。

切成0.5～1公分，擦乾水分後冷凍。也可放入密閉容器內，再以湯匙取用需要的分量。

青蔥類

蘆筍

穗部結實，粗細色澤皆一致。

以保鮮膜包好之後直立放入冰箱冷藏。

切成適當的大小，以鹽水燙過之後冷凍。取出後可直接料理。

最近有不少「無筋四季豆」，撕下兩端看看，沒有筋的話，就不必做處理。

四季豆

豆子的兩端摸起來結實青脆。

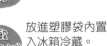
放進塑膠袋內置入冰箱冷藏。

撕下兩側的筋並以鹽水清燙，泡過冷水後再冷凍。可直接取出料理，解凍後可做涼拌菜。

四季豆

豆莢上附有細毛，豆仁飽滿膨起。

取下豆枝後，放進塑膠袋內置入冰箱冷藏。

水煮至尚保留些許硬度時瀝乾水分，放進塑膠袋內置入冰箱冷凍。可沖流水或自然解凍。

深綠色且表面長著許多細毛。

一般保存方式 放冰箱冷藏。

 撒鹽磨掉表皮上的細毛，切掉蒂頭清燙後再冷凍。可直接取出炒菜，或自然解凍後做涼拌菜。

 秋葵

 苜蓿芽

  呈鮮綠色且莖部水嫩飽滿。

冷凍保存方式 不適合冷凍保存。

一般保存方式 連根直立放進冷藏室保存。底下的海綿如果乾了，就澆一點水。

 握起來沉重且葉片鮮綠，表皮白皙而結實。黃色的葉片或長出新葉表示已經存放了一段時間。

一般保存方式 附著葉片很容易萎縮，可以將葉片切掉，留下2～3公分的葉莖。以報紙包好之後放進冰箱冷藏。如果有切口，必須以保鮮膜包好以免乾掉。

 蕪菁、白蘿蔔

 切小塊或切絲後擦乾水分，便可冷凍。直接取出可煮味噌湯或燉滷。白蘿蔔磨成泥後瀝乾水分，依照每次要使用的分量分別以保鮮膜包好之後冷凍，直接取出便可進行調理，不需解凍。

 下廚前的準備工作 葉子洗淨後切成1～2公分。擦乾水分放入保鮮袋冷凍，可直接取出料理。

  表皮帶深綠色且秤起來有重量感，敲敲表皮會發出回音。切開之後果肉金黃且肥厚，種子緊附在果肉上。

一般保存方式 整顆的南瓜可放在通風良好的陰暗處，可保存1～2個月。切開的南瓜剔除膜與種子後以保鮮膜包好，放進冰箱冷藏。

 新鮮的南瓜可先切成薄片。已經切成一口大小者可清燙後再冷凍。已經煮好的南瓜也可以冷凍。以上幾種方式料理前要先自然解凍。

下廚前的準備工作 南瓜若要去皮，可先放進微波爐加熱1～2分鐘，就能輕鬆去皮了。以湯匙將種子與膜刮除乾淨。

 南瓜

綠花椰
與白花椰菜

 綠花椰菜顏色鮮綠，白花椰菜顏色白淨。切口有水嫩感，花蕾結實。

 切成適當的大小，可直接或以鹽水燙過後冷凍。取出即可料理，也可以自然解凍。

 裝進塑膠袋，切口朝下放入冰箱冷藏。

 花椰菜心帶有甜味，營養價值更勝花蕾的部分。可煮湯或做成沙拉。

 鴻喜菇、金針菇的菇柄尚未變成褐色。香菇的傘緣尚未整個展開，肉質肥厚，菇柄肥短。

 剔除根部或培養土後分成幾束，可直接或汆燙後放進冰箱冷凍。冷凍的菇類可直接拿出來料理。滑菇可以整袋冷凍，使用前自然解凍。

 放進塑膠袋內置入冰箱冷藏。

 以水稍微沖一下即可。滑菇也一樣。

菇類

高麗菜

 最外層的葉片呈深綠色，感覺水水嫩嫩、秤起來頗有重量。不要購買切口已經發黑的高麗菜。

 切成適當的大小，汆燙後冷凍。可直接取出煮湯，或自然解凍後做沙拉。

 以保鮮膜或報紙包好，放進冰箱冷藏。切除心後塞入沾濕的紙巾，可以存放較久的時間。

 越靠近心的部位維他命C越豐富，可切絲後料理。

 表面的突起多，果肉結實。瓜身越直越好。瓜身彎曲並不會影響風味。

 冷凍之前先刨絲。撒上一點鹽讓小黃瓜出水更好。可以自然解凍，或直接取出放進湯裡。

 擦乾表皮的水分後放進塑膠袋內，盡量以直立的方式放在冰箱冷藏保存。

小黃瓜

苦瓜

表皮上的突起多、瓜身呈深綠色。

以報紙捲起來後放入冰箱冷藏。已經切過的苦瓜，則將種子剔除後以保鮮膜包好再冷藏。

刮除裡面的膜後切成小塊，放進保鮮袋內冷凍。可直接取出料理，不需解凍。

牛蒡莖硬實，切口沒有黏液，個頭不要太粗。

牛蒡

將削片的牛蒡泡在醋水中去除澀味後汆燙1分鐘再冷凍。直接取出即可調理，不需解凍。

帶土的牛蒡以報紙捲好後避開陽光直射的地方以常溫保存。洗過的牛蒡則放進塑膠袋內置於冰箱冷藏。

浸泡醋水（2杯水對1小匙醋）去除澀味。大約浸泡15分鐘。

地瓜

表面平滑帶有光澤，稍為有點重量。表皮沒有磨損，根鬚沒有清理得太乾淨。

春季到秋季可常溫保存。地瓜比較不耐寒，冬季最好以報紙捲起來。有切口的地瓜先以保鮮膜包好，再放入冰箱冷藏。

切成1公分圓片後水煮，瀝乾水分再冷凍。不解凍直接取出即可料理。已經調味的地瓜可以連同煮汁一起冷凍，使用前自然解凍即可。

芋頭

個頭大而硬實。

表面擦乾後放進箱子裡或以報紙包好，放置在陰涼的地方。

水煮或以微波爐加熱後連皮一起冷凍。以微波爐解凍後就能輕鬆剝掉外皮了。

皮薄、豆仁沒有膨起。

放進塑膠袋內再置於冰箱冷藏。

豌豆莢

剔除兩側的筋後以鹽水汆燙，泡過冷水之後再冷凍。可直接取出烹調，或自然解凍後加入料理內，增添菜餚的變化性。

 蒂頭的切口水分飽滿，果肉結實。

 放進塑膠袋內置入冰箱冷藏。

 切丁後冷凍。自然解凍即可使用。

 新鮮水嫩，葉片堅挺。

以沾濕的紙巾捲住根部，再整個以保鮮膜包好，直立放入冰箱冷藏。

切碎後冷凍。使用前先自然解凍。

紫蘇

 飽滿結實，表面光滑且沒有損傷。沒有發芽的才是新鮮。

放置在通風良好的陰涼處。已經切過的馬鈴薯以保鮮膜包好之後再冷藏。

馬鈴薯

水煮後壓碎再冷凍。沒有壓碎或將生馬鈴薯直接冷凍，裡面的水分結凍後馬鈴薯會變得乾巴巴。自然解凍後可拿來做可樂餅或馬鈴薯沙拉等。

 呈深綠色且葉片青脆硬挺。

 以沾濕的報紙包好，放入冰箱冷藏。

 稍微燙過尚保留些許硬度時撈出，瀝乾水分，分成小把以保鮮膜包好，放進保鮮袋內冷凍。

茼蒿

 外形堅硬飽滿，外表沒有損傷。新鮮的嫩薑為白色，末端呈紅色。

 把表皮擦乾之後以保鮮膜包好，放進冰箱冷藏。

薑

包成直徑1公分左右的細棒狀後再冷凍！！

 先依照需要切成薄片、切絲或磨成泥。薑泥可以保鮮膜包成細棒狀後冷凍，屆時只須折取需要的分量使用，非常方便。自然解凍。薄片等冷凍後可直接取出調理。

 顏色深綠且粗細均一,摸起來有彈性。

 放進塑膠袋內冷藏保存。

 切成薄片後稍微燙過,再以保鮮膜包好,冷凍保存。

 外形厚實而鮮綠、葉片飽含水分。

 插在裝滿水的杯子等容器裡,置於陰涼處保存。

 剔除筋後切成1～2公分小段後冷凍。要水煮可取出後直接料理,其他烹調方式則須先自然解凍。

 外殼帶有光澤,粗壯結實且具有分量感。筍尖為綠色。

 買回來後馬上水煮。放進密閉容器內泡在水裡,再整個置入冰箱冷藏。每天換水的話約可保存一星期。

 將水煮過的竹筍切丁或切絲再冷凍。使用前先自然解凍。

 剝掉兩、三層外殼後深切一刀切痕。水裡加點米糠(沒有米糠的話可改用洗米水)一起煮,可去除苦味。水煮40～50分鐘左右取出,以竹籤插入根部,竹筍若已經變軟,就表示熟了。不需把湯倒掉,整個放涼之後再剝掉筍殼。

外皮乾燥且沒有受損。不要購買已經發芽或者摸起來鬆軟的洋蔥。

放置在通風良好的陰涼處,也可以將外皮剝掉後放進保鮮袋內冷藏。新鮮摘採的洋蔥可直接冷藏。已經切用過的洋蔥,可以保鮮膜包好切口,避免乾燥。

 新鮮的洋蔥切成1～2公釐切片後冷凍,避免碰到水。切碎丁的洋蔥先炒過再冷凍。可事先將洋蔥丁鋪壓成薄片,屆時再壓折需要的分量即可。冷凍的洋蔥可直接取出烹煮,不需解凍。

 莖葉厚實,顏色鮮綠。

 以報紙包好之後放入冰箱冷藏。

 稍微燙過尚保留一點硬度時取出,擦乾水分。依每次要使用的分量分別以保鮮膜包好再冷凍。取出即可直接調理。

玉米

 如何分辨好食材

玉米鬚多，玉米外殼呈新鮮的綠色，玉米鬚為茶褐色。玉米粒紮實飽滿、富有彈性。

 一般保存方式

帶殼整個以保鮮膜包好，直立放入冰箱冷藏。購買後隔天之前要料理完畢。

 冷凍保存方式

稍微燙過尚保留些許硬度時取出，剝下玉米粒並放入保鮮袋內冷凍。取出即可直接料理。

番茄

 如何分辨好食材

蒂頭筆直伸展、色澤鮮綠，果實整顆色彩鮮紅，圓滾飽滿。

 一般保存方式

放進塑膠袋內冷藏保存。

 冷凍保存方式

可以整顆冷凍。拿掉蒂頭後以保鮮膜包好。半解凍的番茄可以拿來做醬汁。切丁後再冷凍的番茄，取出後則可直接加入湯裡。

 下廚前的準備工作

冷凍的番茄以熱水汆燙一下，就能輕鬆地剝掉外皮。沒有冷凍的番茄要去皮，可以叉子叉住番茄、直接在瓦斯爐上烤熱，等外皮翻開，直接沖水就可去掉外皮了。

茄子

 如何分辨好食材

蒂頭下方的突起尖銳，切口飽含水分。果實帶有光澤，顏色鮮豔。

 下廚前的準備工作

切開馬上要煮的話，就不需要去除澀味（最近的茄子似乎都不太有澀味）

 一般保存方式

以報紙包好，放入冰箱冷藏。請注意，以保鮮膜包茄子會造成出水。

 冷凍保存方式

烤過之後去皮，切成適當大小後擦乾水分再冷凍。直接取出可用於燉煮，自然解凍的茄子適合做涼拌菜。

韭菜

 如何分辨好食材

葉片厚實且呈深綠色，葉尖青脆。

 一般保存方式

以報紙捲好後直立放入冰箱冷藏。

冷凍保存方式

以水洗乾淨之後確實擦乾水分，切成3～4公分小段冷凍。不解凍直接取出即可用來煮湯或炒菜。

蒜苗

 如何分辨好食材

葉片直挺且飽含水分。

 冷凍保存方式

依照用途切好之後汆燙，再放入保鮮袋內冷凍。不需解凍，取出即可直接調理。

 一般保存方式

放進塑膠袋內置入冰箱冷藏。

紅蘿蔔

 整體顏色偏紅、表面光滑，莖的根部直徑小。莖的根部直徑大的紅蘿蔔發育較差，甜度也較低。

 放在通風良好的陰涼場所保存。切過的紅蘿蔔整個擦乾水分後在切口處包上保鮮膜，以免乾掉。

 新鮮的紅蘿蔔切成1公釐薄片再冷凍。自然解凍後可做沙拉等料理。切成厚片的紅蘿蔔可先稍微汆燙過再冷凍。直接取出即可烹煮，或者自然解凍後擦乾水分可用來炒菜。

 蒜體堅硬、切口緊實，顏色白且個頭大。

 以報紙包好之後放入冰箱冷藏。

 可依照需要事先切薄片、切末、磨成泥等。蒜泥可以保鮮膜捲成細棒狀再冷凍，方便折取需要的分量。使用前自然解凍。切成薄片、細末的大蒜也可不解凍，取出後直接使用。

 切開後泡在油裡或先泡過醬油，使用時更方便，也較不容易壞掉。

大蒜

大蔥

 蔥白堅硬結實，蔥綠青翠。

 直立置入冰箱冷藏。帶泥土的大蔥以報紙包好之後直立放在陰涼處。

 可依需要先切小段或斜切後再冷凍。不需解凍，可直接煮湯或煎炒、燉滷。

 分量重、葉尖捲起。切開後菜葉的緊密度高。

 整顆白菜以報紙包好後，放在通風良好的陰涼處保存。切開的白菜先以保鮮膜包好，再置冰箱冷藏。

 冷凍後的白菜口感會變得稍有不同。可以切絲後撒鹽，或者以鹽水稍微燙過再冷凍。取出後可直接料理，不需解凍。

白菜

巴西里

 如何分辨好食材：飽含水分、菜莖紮實，葉片多。

 一般保存方式：插在裝滿水的杯子等容器中，置於陰暗處保存。

冷凍保存方式：切碎後分裝小包再冷凍。取出後不需解凍即可使用。

新鮮香料藥

 如何分辨好食材：葉片或花朵柔軟。

一般保存方式：以沾濕的紙巾包住根部，放進密閉容器內置於冰箱冷藏。

 冷凍保存方式：分成小分量後以保鮮膜包好，放進保鮮袋內冷凍。不需解凍，取出後即可使用。

青椒·甜椒

 如何分辨好食材：顏色深濃、帶有光澤。蒂頭飽含水分。

 一般保存方式：放進有小孔的塑膠袋內，置入冰箱冷藏。

 冷凍保存方式：切成1公分以後稍為過油炒一下再冷凍。避免事先調味以免出水。取出後即可使用，不需解凍。

 如何分辨好食材：根部的莖多，沒有枯萎的菜葉。

 一般保存方式：放進塑膠袋內，置入冰箱冷藏。

 冷凍保存方式：不適合冷凍保存。

水菜

 如何分辨好食材：飽含水分，菜莖結實。

 一般保存方式：放進塑膠袋內，置入冰箱冷凍。

 冷凍保存方式：依照需求切好後放進塑膠袋內，置入冰箱冷凍。

山芹菜

 如何分辨好食材：豆莖青脆、飽含水分。避免購買根部已經變成咖啡色的豆芽菜。

 一般保存方式：直接放進冰箱冷藏。泡在水中再冷藏的話可以保存得更久。

 冷凍保存方式：以沙拉油或芝麻油稍為炒一下之後再冷凍。由於容易出水，不需要調味。直接取出即可使用，不必解凍。

豆芽菜

黃麻菜

 如何分辨好食材
飽含水分，菜莖紮實。

 冷凍保存方式
稍為川燙過瀝乾水分後，切成適當大小再冷凍。

 一般保存方式
放進塑膠袋內，置入冰箱冷藏。

山藥

 如何分辨好食材
根鬚少、表皮薄。

 冷凍保存方式
削皮後磨成泥，混入2、3滴醋。裝入保鮮袋內壓平再冷凍。整包取出連同袋子一起沖水即可解凍。

 一般保存方式
以報紙包好之後冷藏保存。切過的山藥以保鮮膜包好，再放進冰箱冷藏。

萵苣

 如何分辨好食材
富有重量，外形圓滾。菜心的切口感覺飽含水分，顏色偏白。

 一般保存方式
以稍微沾濕的報紙包好，放入冰箱冷藏。

 冷凍保存方式
汆燙之後即可冷凍。直接取出便能使用，不需解凍。

蓮藕

 如何分辨好食材
肉質肥厚，孔洞大小均一，裡面沒有發黑。

 一般保存方式
放在通風良好的陰涼處。切過的蓮藕以保鮮膜包好之後再放進冰箱冷藏。

 冷凍保存方式
依照用途切好之後，以醋水汆燙5分鐘再冷凍。不必解凍，直接取出便能用來煮湯等。

 下廚前的準備工作
切好的蓮藕泡水15分鐘去除澀味。想要蓮藕看起來更白，可以放進醋水裡稍微汆燙一下。

 1小是比醋，比例為2杯水

柚子・檸檬・醋橘

 如何分辨好食材
外皮光滑。

 一般保存方式
以保鮮膜包好，放入冰箱冷藏。

 冷凍保存方式
整顆以保鮮膜包好。也可將檸檬擠汁後與皮分開冷凍。

酪梨

 如何分辨好食材：有彈性，外皮稍為有點偏黑。

 冷凍保存方式：對半切開取出種子，以保鮮膜包好後放進保鮮袋再冷凍。

 一般保存方式：外皮綠色的酪梨可以常溫保存。熟成之後就要放進冰箱冷藏。切過的酪梨先在切口抹上檸檬汁，以保鮮膜包好之後再冷藏。

 下廚前的準備工作：去皮之後抹上檸檬汁，可以防止酪梨變成褐色。

 如何分辨好食材：果實呈深紅色，果蒂為深綠色。

草莓

 一般保存方式：放在冰箱冷藏，要吃之前再水洗乾淨。

冷凍保存方式：去掉果蒂後直接冷凍。

下廚前的準備工作：連同果蒂一起水洗，就不容易變得水水的。

柑橘類

 如何分辨好食材：顏色鮮麗、具有彈性，有分量感。

 冷凍保存方式：剝掉外皮、撥成適當的大小後再冷凍。

 一般保存方式：置於陰涼處保存。已經掰開的柑橘類以保鮮膜包好之後再放進冰箱冷藏。

 如何分辨好食材：整顆果實布滿細毛，外表沒有傷痕。

 一般保存方式：在果實變軟之前都可置於常溫保存。

奇異果

 冷凍保存方式：去皮之後切成適當的大小再冷凍。

 下廚前的準備工作：尚未成熟的奇異果可和蘋果放在一起催熟。

 如何分辨好食材：蒂柄呈綠色，果實表皮色澤鮮麗且帶有光澤。

櫻桃

 一般保存方式：置於冰箱冷藏。2～3天內要吃完。

 冷凍保存方式：直接冷凍即可。

 如何分辨好食材：果實有明顯的光澤且具有彈性，外表沒有黑色斑點。

 一般保存方式：放進塑膠袋內，置入冰箱冷藏。尚未成熟的梨子可放在室溫催熟。

 冷凍保存方式：不適合採用冷凍保存。

梨子

果實外形偏圓，下半部較沉重。表皮帶紅色，香氣宜人。

鳳梨可以放在常溫下保存，但由於容易受損，可以報紙包好之後放入冰箱冷藏。以葉片朝下的頭上腳下方式保存，可以讓鳳梨的甜味分布得更均勻。

去皮與種子後切成適當的大小，以保鮮膜包好，放進保鮮袋內冷凍。

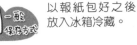

果實的大小均一且呈均勻的黃色，外表沒有受損。

放在常溫下保存。可以吊掛起來更好。表皮出現黑色斑點時就可以吃了。

去皮之後冷凍，大約可保存1個月。插入竹筷後再冷凍，就成了香蕉冰棒。

剝皮後刷點檸檬汁避免變黑。

顆粒飽滿結實且帶有光澤，表皮上有白色的粉狀物。

以報紙包好之後放入冰箱冷藏。

顆粒小的葡萄可以直接冷凍，顆粒大的則剝皮後再冷凍。

顏色鮮麗，外形偏圓。

常溫保存。成熟的芒果要放進塑膠袋內，置入冰箱冷藏。

削皮去心後切成適當的大小，以保鮮膜包好之後放進保鮮袋內冷凍。

外皮顏色均勻。表面上有網紋的話，網眼越細小越好。

常溫保存，要吃之前的2～3小時再放進冰箱冷藏。

削皮去籽後切成適當的大小，以保鮮膜包好之後放進保鮮袋內冷凍。

桃子

如何分辨好食材
整顆果實布滿細毛，外表沒有傷痕。

一般保存方式
常溫保存，要吃之前的2～3小時再放進冰箱冷藏。

冷凍保存方式
削皮後切成適當的大小，淋上檸檬汁後再冷凍。

如何分辨好食材
硬實且具有分量感，帶有光澤。

一般保存方式
置於陰涼處或放入冰箱冷藏。

冷凍保存方式
削皮去心後切成適當的大小，以保鮮膜包好之後放進保鮮袋內冷凍。

西洋梨

如何分辨好食材
結實而帶有光澤，顏色均勻。

蘋果

冷凍保存方式
切成一口大小後淋上檸檬汁，以保鮮膜包好，放進保鮮袋內冷凍。

一般保存方式
由於蘋果會催熟放在一起的水果或蔬菜，一定要先放進塑膠袋內再置入冰箱冷藏。
※可以順便放入要催熟的水果。

下廚前的準備工作
削皮之後浸一下薄鹽水或淋上檸檬汁，就可以防止蘋果變成咖啡色。

簡易食譜「蘋果果醬」

材料
蘋果 3顆
白砂糖 蘋果的一半份量
檸檬汁 2大匙

做法

1. 蘋果切成八等份後削皮去心，再切成 2～3 釐米薄片。

2. 將蘋果秤重，準備蘋果一半重量的白砂糖備用。

3. 鍋中放入蘋果、白砂糖與檸檬汁，以中火一邊攪拌一邊加熱，注意不要煮焦，煮到水分收乾即可。

4. 放涼後之裝進密封容器內，可保存約2個月。

塗麵包

混入優格裡

加在紅茶內

117

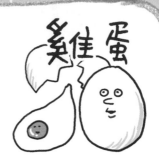

雞蛋

如何分辨好食材
確認包裝上的有效日期，檢查雞蛋有沒有裂痕。蛋殼摸起來是粗糙的（光滑的蛋表示已經放一陣子了）。

一般保存方式
從包裝中取出之後，尖端朝下放進冰箱裡的雞蛋格內。

冷凍保存方式
新鮮的雞蛋打成蛋汁或將蛋白與蛋黃分開後再冷凍。放在冷藏室自然解凍。薄或厚的煎蛋皮可直接冷凍。使用前先自然解凍。冷凍大約可保存2個星期。

鮮奶

一般保存方式
放在冰箱冷藏。開封之後盡早飲用完畢。

冷凍保存方式
鮮奶冷凍後脂肪會分離，不適合冷凍保存。

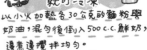
做成白醬的話就可冷凍
以小火加熱各30公克的麵粉與奶油，混勻後倒入500c.c.鮮奶，邊煮邊攪拌均勻。
最後加點鹽與胡椒調味就完成了。

乳酪

如何分辨好食材
切口沒有變色。乳酪的話摸起來有彈性。

一般保存方式
放在冰箱冷藏。開封之後盡早飲用完畢。

冷凍保存方式
密封後冷凍約可保存1年。使用前自然解凍。要加熱的話不需解凍，直接取出就可以調理。

奶油

優格

如何分辨好食材
如果可以打開檢查，可挑選優格最上層的清澄液體不會太多的產品。

冷凍保存方式
分成小包裝冷凍，約可保存1個月。混入鮮奶油一起冷凍就變成了冰淇淋。

一般保存方式
放在冰箱冷藏。冰箱開開關關容易使優格的成分分離，盡量避免放在冰箱門內側。開封之後盡早食用完畢。

鮮奶油

一般保存方式
放在冰箱冷藏。鮮奶油受到撞擊後成分容易分離，盡量避免放在經常要開開關關的冰箱門內側。

冷凍保存方式
分成小包裝冷凍，約可保存2星期。鮮奶油很容易吸收氣味，盡量避免和氣味濃重的食物放在一起。

下廚前的準備工作
取出後不需解凍，可直接加入湯裡或佐在甜點一旁。冷凍的鮮奶油加入咖啡裡就成了維也納咖啡。

生米

一般保存方式

放在乾淨的容器內，置於陰涼處保存。精米夏天可保存約20天，冬天大約1個月左右就要吃完。

米飯

一般保存方式

米飯放涼之後以保鮮膜包好或放入容器內，置於冰箱冷藏，大約可保存2天。

冷凍保存方式

分成小包後以保鮮膜包好再冷凍，大約可保存2個月。以微波爐重新加熱。

下廚前的準備工作

淋上少許水或酒以微波爐加熱，就能吃到鬆軟的白飯了。

一般保存方式

真空包裝的年糕可在室溫下保存。一般的年糕一個一個以保鮮膜包好，放進密閉容器內冷藏，約可保存1星期。

下廚前的準備工作

冷藏保存時可順便放入芥末，可預防年糕發霉。

年糕

冷凍保存方式

真空包裝的年糕可直接冷凍。一般的年糕一個一個以保鮮膜包好，或者撒上太白粉，再放進保鮮袋內冷凍，約可保存1年。使用之前先自然解凍。

一般保存方式

乾麵條

買回來之後連同包裝一起放在濕氣較低的陰涼處。包裝已經打開的乾麵條置入密閉容器內後放在陰涼處保存。

一般保存方式

買回來之後連同包裝一起放入冰箱冷藏。

生麥麵條

冷凍保存方式

買回來之後連同包裝一起冷凍。吃不完的義大利麵等麵條可以淋上一點橄欖油，分成小分量後冷凍，約可保存1個月。使用前先自然解凍。

一般保存方式

以保鮮膜包好，放進冰箱冷藏。2～3天內沒吃完要改以冷凍保存。

冷凍保存方式

買回來之後連同包裝一起冷凍。法國麵包可按照每次要吃的分量切好，放進保鮮袋內冷凍。除了夾鮮奶油的麵包，有餡料的麵包也可以冷凍，大約可保存2星期。可自然解凍，或者不解凍直接放進烤麵包機加熱。

麵包類

變硬的麵包可以做法式吐司

★材料★
麵包 4片
雞蛋 1顆
牛奶 2杯
砂糖 3大匙
奶油 2大匙

★做法★
1. 將雞蛋、牛奶、砂糖放入大碗裡拌勻。
2. 麵包浸入1.內泡15分鐘左右。
3. 以平底鍋融化奶油，小火將麵包兩面煎熟即可。

♫可依個人喜好添加肉桂粉或香草精。♫

豆腐

白色且帶有光澤，形狀完好。盡量挑選不含消泡劑的產品。

會變成像凍豆腐一樣呈海綿狀。可用來燉滷或做炒豆腐等料理。冷凍約可保存1星期。

把塑膠盒包裝的豆腐倒在大碗或密閉容器內，加水至可以淹過豆腐的高度，放入冰箱冷藏。1～2天內要吃完。

納豆

連同外包裝一起放進冰箱冷藏。

納豆冷凍後再切成泥，就可避免弄髒菜刀或砧板。

連同包裝一起冷凍。食用前先自然解凍，趕時間的話可利用微波爐的解凍模式。冷凍可保存約2個月。

殘留的油分較少。

1～2天內吃不完的話必須馬上冷凍。

去油之後依照用途切好，放進保鮮袋內冷凍，約可保存1個月。取出不需解凍即可料理。自然解凍後可用來調製涼拌菜。

（去油）在食材兩面都淋上熱水後以紙巾包起來，放入微波爐加熱1～2分鐘，可以去除油臭味，讓食材更容易入味。

油豆腐 天婦羅

蒟蒻 蒟蒻絲

具有彈性、不會過於柔軟，整個蒟蒻沒有嚴重的收縮。

連同外包裝直接放入冰箱冷藏。切過的蒟蒻可倒入大碗內，加入剛好淹過蒟蒻的水再置入冰箱冷藏。2～3天內要使用完畢。

可以冷凍，口感類似口香糖。水煮過的蒟蒻可依需要先切好，放進保鮮袋內冷凍，大概可保存1個月。取出後不需解凍即可調理。

汆燙2～3分鐘可去除獨特的氣味。抓一點鹽靜置一會兒後再汆燙，效果更好。

顏色漆黑而有光澤。

連同包裝置於室溫下保存。海苔容易吸附濕氣，開封後要盡快吃完，或者馬上冷凍。

分成小分量以保鮮膜包好，放進保鮮袋內冷凍，大約可保存3個月。食用前先自然解凍。

海苔

昆布

如何分辨好食材

完全乾燥、葉片肥厚且布有白色粉末。

一般保存方式

連同包裝一起存放在陰涼處。已經開封的昆布要放入保鮮袋內。

下廚前的準備工作

表面的白色粉末是鮮味的來源，料理時不必將它洗掉，以紙巾稍微把髒東西擦掉即可。

冷凍保存方式

已經熬過高湯的昆布擦乾水分後依用途切好，放進保鮮袋內冷凍，約可保存2個月。取出後不需節凍即可料理，可拿來做燉滷或佃煮。

簡易食譜「佃煮昆布」

熬過高湯的昆布切成適當的大小，以高湯、醬油、味醂〈同比例〉將昆布煮軟即可。

如何分辨好食材

新鮮的海帶芽是深綠色，乾燥的海帶芽為黑褐色。

一般保存方式

新鮮的海帶芽買來後連同包裝一起放入冰箱冷藏。乾燥海帶芽可置於陰涼處存放。

冷凍保存方式

新鮮海帶芽可稍微水煮，瀝乾水分後放進保鮮袋冷凍，約可保存3個月。乾燥的海帶芽可直接在保鮮袋冷凍，大約可保存1年。

海帶芽

如何分辨好食材

魚身完整且帶有光澤。

冷凍保存方式

放進保鮮袋內冷凍。如果是熬過高湯後的小魚乾，瀝乾水分再放入保鮮袋內冷凍。約可保存2個月。

小魚乾

一般保存方式

買回來後連同包裝一起放在陰涼處保存。開封之後最好改為冷凍保存。

下廚前的準備工作

小魚乾冷凍之後可避免產生油耗味。熬過高湯後可拿來做成佃煮之類的料理。

香菇乾

如何分辨好食材

肉質肥厚，表面呈黃褐色。

一般保存方式

連同包裝置於陰涼處。切開過的香菇可放進保鮮袋內。

冷凍保存方式

香菇乾泡水發過後瀝乾水分，再放進保鮮袋內冷凍，約可保存1年。使用前自然解凍。

如何分辨好食材

粗細均一，帶點焦糖色。

菜脯絲

冷凍保存方式

泡水發過之後瀝乾水分，放進保鮮袋內冷凍，約可保存2個月。使用前自然解凍。

一般保存方式

連同包裝一起放置在陰涼處。開封過的菜脯絲要放進保鮮袋內。

石少糖

一般
保存方式
倒入密閉容器內，置於濕氣低的陰涼處保存。

下廚前的
準備工作
砂糖如果結塊，不必包上保鮮膜，直接放進微波爐加熱2～3分鐘即可。

一般
保存方式
放入密閉容器內，置於濕氣低的陰涼處保存。

下廚前的
準備工作
鹽巴如果結塊，不必包上保鮮膜，直接放進微波爐加熱15秒即可。

鹽

一般
保存方式
開封前或開封後都可以放在陰涼處保存，但薄鹽醬油必須放在冰箱冷藏。開封後最好在1個月內用完。

醬 油

一般
保存方式
開封前或開封後都得放在陰涼處保存，唯有夏天要放在冰箱冷藏。開封後最好在3個月內用完。

料理米酒

一般
保存方式
未開封的味噌可常溫保存。開封後要放進密閉容器內置於冰箱冷藏。開封後最好在2個月內用完。

味噌

醋

純味醂開封前或開封後都可以放在陰涼處保存。味醂調味料開封後必須放在冰箱冷藏。開封後最好在半年內用完。

味醂

開封前或開封後都得放在陰涼處保存，放在冰箱冷藏更好。開封後在常溫下可維持半年，冷藏則最慢要在一年內用完。

一般
保存方式
開封前放置陰涼處保存。開封後要放進冰箱冷藏，最好在3個月內用完。

調 味 醬

調味醬的活用方法

芥末醬可混入美乃滋或沙拉醬淋在沙拉上。辣椒醬搭配番茄醬就是最適合油炸物的沾醬。醬油與柚子醋混勻後就可以做些簡單的醋漬物。

一般
保存方式
開封前得放在陰涼處保存。開封後把罐子內的空氣擠出再置入冰箱冷藏，最好在1個月內用完。

美乃滋・番茄醬

開封前放置陰涼處
保存。開封後要放
進冰箱冷藏，最好
在2個月內用完。

調味汁

開封前 放置陰
涼處保存。開封
後要放進冰箱冷
藏，最好在1個月
內用完。

沙拉醬

沙拉醬
的活用方法
可當燙青菜的調味料
淋在汆燙過的青菜上，馬上
成風味獨特的燙青菜。
可作為肉類的醃醬
可以直接作為天婦羅、炸肉等
的醃醬。醋的成分可以讓
肉類變得柔嫩。

開封前放
置陰涼處，
開封後放
進密閉容器內置於冰箱
冷藏，最好
在2個月內
用完。

咖哩塊、

麵粉類

放進密閉容器內，
置於陰涼處保存。

開封後，低筋、
中筋麵粉可保存
1年左右，高筋
麵粉最好在半
年內用完。

香料草類

可放在陰涼處或
冰箱冷藏。開封
後最好在半年內
用完。

高湯粉等

乾燥的麵包
粉放進保鮮袋
內置於陰涼處，
開封後最好在1個月內用完。
生的麵包粉冷凍後大約2星期
內要使用完畢。

放進保鮮袋內，
置於冰箱冷凍。
使用前
自然解凍5分鐘即可。

麵包粉

剩餘的麵包粉
活用方法
可加在在煎蛋捲裡
（生麵包粉較適合）
麵包粉與雞蛋、砂糖、
牛奶混勻後可做蛋糕。
麵包粉與雞蛋、牛奶、
高麗菜絲混勻可做
成日式煎餅。

123

開封後的罐頭食品

一般保存方式 換裝到密閉容器內，置於冰箱冷藏。最好在5天內吃完。

開封後的玻璃罐食物

一般保存方式 換裝到密閉容器內，置於冰箱冷藏。佃煮約可保存2～3星期，果醬最好在1個月內吃完。

蜂蜜

變硬的蜂蜜只要加熱就會回復柔軟。放在微波爐加熱幾十秒，或者連同容器浸泡在溫水裡。

一般保存方式 冷藏會使蜂蜜變硬，所以要放置在陰涼處，約可保存2年。

日式糕點

冷凍保存方式 以保鮮膜包好之後冷凍，約可保存1個月。食用前先自然解凍。

油炸麵渣

冷凍保存方式 放在密閉容器內冷凍，約可保存1個月。以湯匙挖取需要的分量即可。

醃漬物

一般保存方式 放在冰箱冷藏。開封後改放在密閉容器中，置於冰箱冷藏，最好在1星期內吃完。

冷凍保存方式 以保鮮膜分別包好一餐的分量再冷凍，約可保存2星期。食用前先自然解凍。

❀ 如何利用剩餘的醃漬物

- ☺ 當炒飯的配料
- ☺ 切碎拌入白飯
- ☺ 混入美乃滋後，淋在沙拉上

124

瑞士捲

冷凍
保存方式
可以冷凍，但口感
會變差。先切成方
便食用的大小後以保鮮膜包好
再冷凍。大約可保存2星期。
食用前先自然解凍。

醬燒黑豆

冷凍
保存方式
以保鮮膜分別包好
一餐的分量再冷
凍，約可保存2
星期。食用前
先自然解凍。

栗泥菓子

冷凍
保存方式
以保鮮膜分別
包好一次的分
量再冷凍，約
可保存1個月。
食用前先自
然解凍。

昆布卷

冷凍
保存方式
瀝乾醬汁後以保鮮
膜分別包好一餐的
分量再冷凍，約
可保存2星期。
食用前先自然解凍。

水餃

冷凍
保存方式
生鮮水餃先
撒上麵粉，以
保鮮膜包好再
冷凍。煮過的水餃則以鋁箔紙包
好再冷凍。要吃的時候連同鋁箔
紙一起放進烤箱內加熱。

咖哩

一般
保存方式
放涼之後到進密閉
容器內，置於冰箱
冷藏，約可保存2天。

冷凍
保存方式
只需把馬
鈴薯取出
或將它壓
碎後整個倒進保鮮
袋內冷凍，約可保
存1個月。食用前
先自然解凍。

漢堡

冷凍
保存方式
將漢堡與肉（配料）
分開，以保鮮膜
包好後冷凍，約可保存1
星期。可自然解凍或以
微波爐加熱。

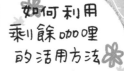

如何利用
剩餘咖哩
的活用方法

★ 做咖哩炒飯
★ 夾麵包
★ 做咖哩烏龍麵

如何？講了這麼多，應該可以放心了吧？

超放心的！不過有好多食材都是我沒用過的...

我有點擔心...入江小姐知道「有效期限」與「賞味期限」的不同之處嗎？

所謂有效期限是指「過了這個日期就不能吃了」，而賞味期限則是「就算過期還是能吃」，對吧？

不行！絕不能吃

有效期限

賞味期限

喂唷~

吃了也不會怎樣吧？

答對了，簡單來說就是如此。

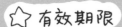

☆ 有效期限

食物的品質在5天內會變差。一旦過期就不可以吃了。大多標示在便當、小菜、生鮮甜點等食物上。

☆ 賞味期限

即使超過5天，食物的品質依然不會改變。有些食品即使過期也不會變壞，因此過期後不一定非馬上吃完不可。大多標示在牛奶、冷凍食品、乳製品等食物上。

那要如何判斷哪些賞味期限已經到了食物還是可以吃？

過期2天

不能喝!!

哞

嗯...聞味道嗎？

這也是一個方法。其他判別方法如下：

吸

判斷食物還能吃，或者已經不能吃了的方法

透過「外觀」

「氣味」

「黏性」

來判斷

已經發霉的食物當然不能吃，變色或味道明顯變得不一樣，或者已經出現黏性等食物，也絕對避免再吃。

另外，食譜上經常出現我看不懂的名詞。

食品製造公司只對還在賞味期限內的食物負責。食物一旦過期，之後的責任就由消費者自己承擔了，因此一定要仔細看清楚日期哦！

像是分量中的「雞蛋50ｇ」是指多少顆雞蛋？「薑1段」大概是多少公克？「汆燙」是要燙多久呢？等等…

的確，食譜大多是以讀者都已經明白這些基礎為前提而寫的，

相對於料理的做法，幾乎沒什麼人會教大家一些基礎的概念。

那麼就請妳參考以下幾頁的說明吧！

食材換算參考表

名稱	數量	重量（g）	名稱	數量	重量（g）
四季豆	1條	3～5	紅蘿蔔	中型1條	150～200
南瓜	小型1個	400～600	大蒜（1顆大蒜=8～10切片）	1片	5
	大型1個	1000～1400	蔥	中型1根	100
高麗菜	大型1棵	800～1000	白菜	中型1棵	1500
	小型1棵	700		大葉1片	100
	大葉1片	50	青椒	中型1個	30～40
小黃瓜	中型1條	130～150	山芹菜	1把	40～50
菠菜・油菜	1把	250～350	萵苣	中型1棵	300～400
番薯	中型1個	200～250	蓮藕	中型1節	150～200
小芋頭	中型1個	50	竹筍（水煮過）	中型1根	300
馬鈴薯	大型1個	150～200	檸檬	中型1棵	60～80
	小型1個	80	豆芽菜	1杯	60
薑	1個	30～50	青江菜	1把	100
	1段（比拇指大一點點）	10～15	綠花椰菜	1棵	200
芹菜	1根	100～120	蘆筍	1根	20
白蘿蔔	大型1個	1000	酪梨	1個	200～250
	小型1個	800	草莓	1粒	15～20
洋蔥	大型1個	250	柳橙	1個	200
	小型1個	150	奇異果	1個	100
番茄	大型1個	200～250	葡萄柚	1個	300
	小型1個	100	香蕉	1根	150
茄子	中型1條	60～80	橘子	1個	100
韭菜	1把	100	蘋果	1個	300

名稱	數量	重量（g）
竹筴魚	中型1尾	120
花枝	中型1條	300
沙丁魚	中型1尾	100
秋刀魚	中型1尾	120
車蝦	中型1尾	20～30
雞蛋	1個	50～60
雞腿肉	中型1隻	250
雞胸肉	中型1片	200
雞里肌肉	中型1條	40
培根	1條	20

名稱	數量	重量（g）
吐司	8片裝每片	40
	6片裝每片	60
白飯	1飯碗	150
年糕	1個	50
豆腐	1塊	300
油豆腐	1片	30～50
厚油豆腐	1片	150
香菇乾	1朵	2～4

名稱	1小匙(5cc)	1大匙(15cc)	1杯(200cc)
砂糖（細砂糖）	3	10	120
砂糖（粗砂糖）	4	12	160
鹽	5	15	200
醋	5	15	200
醬油	6	17	230
味醂	6	17	230
酒	5	15	200
味噌	6	18	230
番茄醬	6	18	240
伍斯塔醬（Worcester sauce）	5	16	220
奶油	4	13	180

名稱	1小匙(5cc)	1大匙(15cc)	1杯(200cc)
沙拉油	4	13	180
麵粉	3	8	100
太白粉	3	9	110
吉利丁粉	3	10	130
鮮奶油	5	15	200
麵包粉（生）	1	3	45
牛奶	5	15	200
烘焙粉	3	10	135
美乃滋	5	14	190
芝麻	3	9	120

★你應該知道的★ 料理用語

撈除浮沫

以湯勺將燉煮時浮在表面的咖啡色泡沫撈除乾淨，可以去除料理的苦味或澀味，此時改以小火，利用沸騰時的水泡讓浮沫集中。

放涼

讓食材降溫至與人體肌膚差不多的溫度。

調味

邊試味道邊調整料理的滋味。

乾炒

炒鍋內不加油或水，直接加熱食材。

涮

食材過一下水或滾水後立刻撈出。

點水

煮麵時為了不讓水滾溢出鍋外而加的水。大概是一杯（200CC）的分量。

快煮

只煮短暫時間。

入味

靜置一會兒讓所有味道混合均勻。

去味（泡水）

將味道強的蔬菜稍微泡一下水或醋水，去除氣味。馬鈴薯可利用清水，牛蒡或蓮藕等則泡醋水（1杯水對1／2小匙醋）。

板擂

將食材放在砧板上，整個撒上鹽後以雙手推揉，可使食材的色澤變得更好。

落蓋

燉滷食物時為了讓食材均勻入味，會以比鍋蓋小一點的蓋子直接蓋在食材上，也可以烘焙紙或鋁箔紙代替。

揉鹽

在食材撒上鹽後靜置一會兒，讓食材釋出水分。

事先水煮

食材炒或炸之前先經過水煮，可以讓食材更容易入味。

130

少許 以拇指與食指夾取的分量（約為1／10小匙）。

一小撮 以拇指、食指、中指所夾取的分量（約為1／5小匙）。

煮滾 滾了!! 將湯汁加熱到沸騰。

篩洗 將去殼的貝類等柔軟的食材放進篩網，再浸泡水或鹽水洗淨。

水煮後去湯汁
食材水煮之後把湯汁倒掉。

靜置 將食材放置一段時間。

揮發酒精 加入味醂或酒之後讓酒精蒸發的動作，不需要煮太久的時間。

收乾湯汁 不必加鍋蓋，加熱煮到湯汁幾乎要收乾。想要讓料理變得較濃稠或要做照燒時經常會使用的手法。

滷 慢慢燉煮，讓食材充分入味。

畫圓倒入 將調味料等倒入鍋中時，繞著鍋子均勻灑在整個鍋內。

燙 將食材放進滾水煮一會兒後撈出。

今天起我脫胎換骨了♥ NEW 新

原來是這些意思呀！ 料理用語

不過…沒想到就是如字面的意思 「靜置」放著不動 太厲害了…!!

長久以來一直避開那些看不懂內容的食譜… 燙過之後…加上蓋蓋後再這樣那樣…失敗擂過再…

哇—這樣一來
我也會變成超賢慧
的家庭主婦囉。
嘿嘿!

賢慧的好太太
特集 主婦之光 久繪小姐

呃......ㄟ......
那妳多加油囉!

哪裡來的自信哪...

當晚...

哦,今天的晚餐好豐盛啊!

原來妳只要願意做
就辦得到呀!
令人刮目相看哦!

挑選好的食材...

用不完的
就好好地將它們保存,

嗯~?

敬請

我今天可是
領教了
友繪小姐
本人的
基本料理
特訓呢!

是呀,原來我也
滿能幹的呢。

驕傲

這是什麼味道?
看來接著得去
料理教室
特訓一下了...

呼呼

嗚

!!

頭腦簡單
這一點
依然沒變啊...

啊啊啊啊啊

...我看還是快點吃飯好了

132

4

關於家事
打掃 & 洗衣基本篇

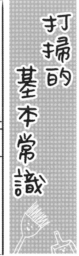
打掃的基本常識

某天的午後…

要洗的衣服
碗盤堆積如山
啊啊啊

叮咚
來了！
咦？

久繪啊，我剛好來到這附近，就順便過來看看妳。

婆婆!?
啊，請您稍等一會兒！

哇啊啊啊啊啊—

換洗衣服

垃圾

不好意思，讓您久等了！

打擾了…咦？

呼呼

．．．．．

內褲掉在那裡了！

!!

久繪呀…妳現在是在打掃吧…

咦？

134

135

幾天後…

好的！
請您在這邊
稍等一會兒

您好——
我是預約今天
的入江。

託買洗衣精之福，
有這個機會來到
總公司位於
東京茅場町的
花王公司，請教一些
關於打掃的基本常識！

不知道能否
教我一些
輕鬆打掃的祕訣…

開門

妳太客氣了。
今天要談的是
有關掃除的
方法對吧？

您好。
今天就麻煩
兩位了！

妳好——！

花王公司 弦卷小姐＆朝倉小姐

哦，所以
妳想知道
有沒有輕鬆一點
的打掃方法？

呵
呵！

是的，
我這個人超怕麻煩，
總是逃避打掃工作…

骯髒衣物小山

整個沾滿了
灰塵

發霉的
餐具

呃⋯是的！

驚

妳怎麼會知道！！

我了解這種心情⋯

不過越不喜歡打掃的人，就更需要經常打掃喔！

咦？

這樣嗎⋯

拚了—!!

沒錯！

想必入江小姐是那種心想「今天要來打掃了」！於是一整天都花在打掃上的人吧？

污垢一旦變成頑垢，就得花許多時間來清理。

每2天稍微擦一下的話，就算髒了也不會太嚴重，但如果放了一個月再處理，就得花好幾十分鐘才能清理乾淨囉！

髒汙

一個月後

出現髒汙

乾淨了

哈哈哈

打掃

放著不管

變成頑垢

這會讓人變得更不愛打掃，因而陷入惡性循環。

羞⋯

＊將不要的東西丟掉

把東西放回原來的位置

這會讓打掃更有效率～

呵呵呵

那麼，就從最基本的部分開始說明吧。

啊，對了，在打掃之前一定要先「整理」！

嗯，您說得沒錯！

✧ 打掃的基本常識 ✧

① 經常打掃

一旦發現有灰塵、指痕等小髒污時馬上「擦乾淨」或「撢一撢」。即便是小小的髒污，受到陽光、空氣長時間的影響會慢慢產生變化，變成難以處理的頑垢。

污垢進化史

② 打掃時要打開窗戶

打掃時要留一條保持空氣流通的通道，讓髒空氣排出屋外。尤其是操作吸塵器時，人的走動會造成灰塵飛揚，一定要把門窗都打開。

空氣流通

③ 徹底了解「髒污」「材質」及「清潔劑＆工具」

要徹底清除髒污，重點在於搞清楚「是哪一種污垢沾附在哪一種材質上」，然後「使用相對應的清潔劑及工具」。在脆弱的材質上使用強力去污劑，材質本身很有可能因此受損。而以較弱的清潔劑對付難處理的髒污，是不可能完全處理乾淨的。

④ 打掃時要「由上到下」「從裡到外」

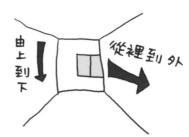

由上到下

從裡到外

由於灰塵會飄揚，打掃時最基本的就是從天花板開始處理。但使用液體類的清潔劑時要注意，萬一滴下來很可能造成痕跡，所以要快速地由下往上擦乾。

首先就來處理頑垢最多的廚房吧！

廚餘惡臭
黏滑的油垢

因為使用了油到處都黏黏的，廚餘還發出陣陣臭味，真不想去處理…

廚房是最需要保持衛生的地方喔，畢竟在這裡做的飯菜，都會被送進嘴裡。

而且妳知道嗎？廚房的細菌可是比浴室或廁所還要多呢！

真的假的？我從來沒想過耶！

廚房裡暗藏著許多肉眼看不見的髒污，為了家人的健康，一定要經常打掃！

廚房的清掃頻率參考

每次使用完

- 瓦斯爐
- 洗手槽周遭
- 抹布
- 攪拌器／食物調理機

每星期一次

- 排水管／濾網
- 微波爐／微波烤箱兩用爐
- 烤麵包機

每個月一次

- 抽風機／換氣扇
- 熱水瓶

每半年一次

- 冰箱

廚房四周的清掃方法

瓦斯爐

輕微的髒污 ——————→ 頑固的黏垢

清水擦拭 → 以廚房清潔劑 → 先浸泡再清洗 → 以強力去污劑
　　　　　　擦拭　　　　　　OR　　　　　　磨刷乾淨
　　　　　　　　　　　覆蓋濕布

✿ 輕微的髒污

打掃的祕訣是做完菜後趁瓦斯爐還有點溫度時馬上清潔。
溢出的湯汁或輕微的油垢，以清水擦一下就掉了。若是清
水無法擦乾淨，可以直接利用「廚房專用強力清潔劑」對
付，或者倒在抹布上再擦拭，然後以清水擦乾淨。瓦斯爐
四周的磁磚壁或者是沾附在窗戶上的油垢，也都能夠依法
炮製。

★ 頑固的黏垢

對於時間太久因而不容易處理的髒污，可以試試「先浸
泡再清洗」或「覆蓋濕布」等方法。萬一還是不行，那
就出動強力去污粉吧，以舊牙刷或鋼刷將髒污磨刷乾
淨。

也可以利用
我們公司的產品
「廚房除臭
魔術靈」唷～

這樣也能打廣告!!

先浸泡再清洗
適合瓦斯爐架、托盤、烤網等

2~4小時

1. 在桶子裡裝入與體溫差不多的溫水。
2. 加入適量的「浸泡式廚房專用強力清潔
   劑」，再放進瓦斯爐架、托盤等浸泡2~
   4小時。
3. 以舊牙刷或海綿輕輕刷洗。
4. 以水沖乾淨，再把水分擦乾。

覆蓋濕布
無法利用浸泡方式處理的瓦斯爐平台、瓦斯管等

30分鐘

1. 以沾濕的衛生紙（廚房紙巾）覆蓋在髒污
   的部分。
2. 倒上「廚房清潔劑」。
3. 靜置30分鐘，等污垢分解浮上來之後再
   以紙巾等擦拭。
4. 以清水徹底擦乾淨。

打掃抽風機時，可以拆解的部分都要拆下來清洗。拆解時底下先鋪一張報紙，拔掉插頭之後再開始清理。可拆卸下來的風扇等零件可採取「先浸泡再清洗」的方式，其他無法拆解的部分則採用「覆蓋濕布」法。

抽風機 換氣扇

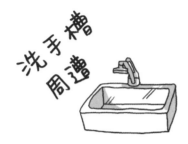

洗手槽 周遭

不鏽鋼洗手槽會隨著時間變得灰濛濛一片，主要造成的原因是水垢。清洗餐具時一定要記得順便沖洗洗手槽。

1. 以海綿沾取「具檸檬酸效果的洗碗精」，輕輕擦拭。
2. 沖水洗淨。
3. 水垢若還是洗不掉，可再沾取「強力去污劑」輕輕刷洗。不要使用鋼刷，朝著固定的方向擦拭。
4. 以水沖乾淨。
5. 以乾抹布將水分擦乾。

朝固定方向 擦拭

排水管、 濾網

由於食物殘渣會滯留在此，是相當容易發霉的地方。夏天更容易產生臭味，一定要經常清理。

1. 把堵住的殘渣清除掉。
2. 將「廚房專用漂白水」噴或灑在此處，靜置5分鐘。
3. 以水沖洗乾淨。

※ 無法立刻丟棄的廚餘

把水分瀝乾，再放入垃圾袋內密封起來。最後噴點除臭劑，防止臭味產生。

密封!!

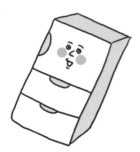

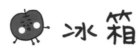 冰 箱

別以為冰箱內的低溫環境就不會產生黴菌或細菌！在0℃的環境下
黴菌依然能夠活動自如，因此食物殘屑或醬汁必須立刻擦拭乾淨。

1. 把所有食材都拿出冰箱外。
2. 可以拆卸的零件以「廚房專用漂白水」浸泡30分鐘後清
   洗乾淨，晾乾。
3. 以抹布沾濕稀釋五倍的「廚房專用漂白水」擦拭冰箱內
   側。以小範圍漸進移動的方式擦拭，黴菌才不會跟著抹
   布四處亂跑。
4. 以棉花棒沾取稀釋五倍的「廚房專用漂白水」擦拭冰箱
   門框的膠條。靜置30分鐘後再以水擦乾淨。
5. 冰箱外側則以沾取「廚房清潔劑」的抹布擦過之後，再
   以清水擦乾淨。

靜置30分鐘 之後以清水擦乾淨

※沒有棉花棒時，可將不要的布捲在筷子一端代替。

微波爐
微波烤箱兩用爐

微波爐與烤箱的髒污程度經常出乎想像。黏在上面的醬汁與掉落在裡面的食物殘屑都會吸引
蟑螂聚集，一定要經常清理。

1. 將水倒入耐熱容器內，加熱2～3鐘，讓污垢鬆脫浮起。
2. 以抹布沾濕稀釋五倍的「洗碗精」擦拭。
※窄小的細縫可以竹籤或牙籤等捲上不要的布擦拭乾淨。
3. 以水擦乾淨後，暫時將門打開一陣子風乾。
4. 微波爐外側則以沾取「廚房清潔劑」的抹布擦過之後，
   再以清水擦乾淨。

加熱一下
污垢更容易鬆脫

烤箱

麵包屑、油垢等都會滴落在底下的集屑盤上，
放久了一旦變成頑垢，就很難處理了。

1. 拆下集屑盤以「洗碗精」清洗乾淨。如果沒辦
   法洗乾淨，再倒點「強力去污劑」刷洗。
2. 以水沖洗集屑盤，再以免洗筷將污垢剔下來。
   難剔除的頑垢則可以舊牙刷沾取少量的「強力
   去污劑」刷磨後再以水擦乾淨。

熱水瓶

熱水瓶的內膽若是發白，就表示該清理了。這是水中的鈣質堆積而成
的水垢，最好趁它變成頑垢之前趕緊清洗乾淨。

1. 以柔軟的海綿沾取「強力去污劑」輕輕刷洗。
2. 以水沖淨。
3. 污垢若還是不能清乾淨，可在熱水瓶裡加入稀釋
   10倍的醋，沸騰後放置約3小時。
4. 以水沖淨。
5. 熱水瓶外側可以沾有「廚房清潔劑」的抹布擦
   拭，再以清水擦乾淨。

3小時

攪拌器、食物調理機

食材殘渣很容易塞在一些小細縫裡，每次使用完
畢一定要用「先浸泡後清洗」的方式清理乾淨。

1. 可以拆卸的零件以「浸泡式廚房專用強力清潔劑」浸泡
   30分鐘後清洗乾淨，晾乾。
2. 以沾取「廚房清潔劑」的抹布擦拭機器主體，注意不要
   碰到通電的部分，然後再以水擦乾淨。
※窄小的細縫可以竹籤或牙籤等捲上不要的布擦拭乾淨。

30分鐘

布＋竹籤
或牙籤

對付細縫

餐具擦拭布、抹布

抹布若不擰乾就這樣放著，很容易孳生細菌。若是把這個抹布拿來擦拭餐具或流理台，細菌就會跟著四處散播繁殖。細菌不但會引發衛生上的問題，也無法以水沖洗乾淨，大家不妨參考以下的殺菌方法。

1. 在桶子裡裝入與體溫差不多的溫水，倒入「廚房專用漂白水」與抹布浸泡2分鐘（如果要漂白就浸泡20～30分鐘），再以清水沖洗。
2. 抹布仔細揉洗乾淨後擰乾。
3. 將抹布攤開，晾乾。

20 或 30分鐘
（要漂白時）

唔…
沒有出場
機會呀！

神祕代袋

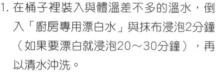

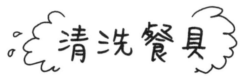

基本　清洗餐具

清洗餐具時的重點在於避免油汙擴散。只要花點心思，就能縮短清洗餐具的時間了。

清洗之前

清洗時

*沾染油污的盤子不要疊放在一起。
*以抹布或紙巾先把餐盤上的油污或醬汁擦掉。
*沒有馬上要洗的餐具先泡在水裡，避免乾燥。

按照以下的順序清洗，效率更好！
1. 較不油膩或易碎的餐具。
2. 木碗或筷子。
3. 沒有沾到油漬的餐具。
4. 沾有油漬的餐具。

過來嘛！

※木製的碗含有水分時容易受損，一定要馬上清洗。

咕溜咕溜

廚房小工具及鍋具的清洗方法

砧板或菜刀的傷痕裡很容易躲藏細菌，菜刀的刀柄與刀刃的交界處更是藏污納垢的好地方。這時候可以利用「廚房專用漂白水」來殺菌。尤其是切過肉類或魚類後，一定要清理。

將「廚房專用漂白水」均勻倒在整個砧板（菜刀）上，靜置2分鐘後再沖水洗淨。60℃以上的熱水會使蛋白質凝固，因此沖洗時要使用溫水。

砧板、不鏽鋼菜刀

噴霧式處理 起來更輕鬆

由於這些器具的孔洞很小，食材很容易卡在上面，一旦發現務必立刻處理。

以「浸泡式廚房專用強力清潔劑」浸泡30分鐘～1小時，沖水洗淨後再沖一次，然後晾乾。

濾網、刨絲器

茶壺與茶杯用一陣子後就會出現茶垢，而沒有洗乾淨的油脂或蛋白質等也很容易藏匿在玻璃餐具上。裝過咖哩或大蒜等食物的塑膠容器容易變黃或殘留氣味。遇到這些情況時可利用以下方式處理。

茶壺、茶杯　玻璃餐具　塑膠容器

以「廚房專用漂白水」浸泡20～30分鐘，沖水洗淨後再沖一次，然後晾乾。

※餐具上若有鍍金或鍍銀，不可採取先浸泡後沖洗的方式處理，以免鍍金或銀的地方剝落。

鍋具、炒鍋

以「浸泡式廚房專用強力清潔劑」浸泡30分鐘～1小時，沖水洗淨後再沖一次，然後晾乾。

※若是有難清洗的頑垢，可以在鍋裡倒點水加熱沸騰一下。水不要倒掉，等水放涼之後再以強力去污劑刷洗。鐵氟龍鍋或鋁製鍋具請輕輕刷洗，以免傷害鍋具。

沾染油膩污垢的炒鍋只要加熱一下，污垢就會慢慢剝落。盡早處理就越省事。

※銅製或琺瑯鍋具容易生鏽，要避免強力刷洗造成刮傷，烹煮時也盡量避免燒焦，使用完畢要立刻晾乾。

接下來是房間與玄關的打掃方法。

我最拿手的絕招就是即便發現灰塵也裝成沒看到…

…呃,的確啦,人類是不會因為沾到灰塵就死掉

但它卻可能成為過敏的元凶哦,還是要當心!

過敏!?

因為灰塵裡藏著好多好多塵蟎呢!

肉眼雖然看不見,一旦在顯微鏡下看到牠的真面目,可是相當噁心呢!

塵蟎……?

毛手毛腳

長這樣嗎?

我在吸血!!

天哪

入江小姐的臉色變得很難看耶…

哇啊啊啊啊

房間與玄關的打掃方法

塑膠地板
木質地板

頭髮、灰塵等每天都會弄髒家裡的地板，最好每天打掃，最少每個星期也要打掃一次。

✧平日的打掃✧

利用除塵紙拖把或吸塵器將髒東西清除掉。一開始就使用吸塵器的話，機器排氣時會造成灰塵飛揚，最好能先以擰過的濕抹布擦過之後，再使用吸塵器。

我們公司也有推出「除塵紙拖把」產品唷！

朝倉小姐…

✧每週一次打掃✧

除塵紙拖把或吸塵器無法將皮屑或掉落的食物殘渣完全清掃乾淨，因此每個星期要找一天把這些髒污徹底擦乾淨。可以利用沾取「家用清潔劑」後擰過的抹布擦拭。餐桌底下、動線走道等擦過之後，再以乾抹布擦乾淨。地板若殘留水分，很有可能會出現黑點或者翹起來，清掃時要多注意。

地毯

頭髮、灰塵特別容易纏附在毛毯上，因此也是塵蟎最喜歡的地方。使用吸塵器將上面的塵垢統統吸乾淨吧。

塵蟎!?

✧平日的打掃✧

以吸塵器徹底吸乾淨。以下幾點務必要遵守：
*緩緩的來回吸塵，不要太用力（速度大概是每平方公尺20秒）。
*讓毛毯上的毛倒豎起來。
*縱向與橫向都要打掃。

橫向、縱向都要清掃

✧髒污很明顯時✧

房間的入口、動線走道等地方特別容易髒，只要一發現就要立刻清理。將沾取「家用清潔劑」並擰過的抹布以畫小圓的方式擦拭，最後用乾淨溫水沾濕後擰乾的抹布，再擦拭一遍。

榻榻米一旦含有濕氣，很容易滋生黴菌。盡可能趁天氣晴朗時將它們拿出去曬太陽。

◇ 平日的打掃 ◇

可以紙拖把或吸塵器將髒污清除掉。順著榻榻米的紋路清掃。

◇ 天氣晴朗的日子 ◇

榻榻米最怕濕氣，但紙拖把或吸塵器無法將皮脂污垢處理乾淨，一旦遇到出太陽的日子，趕緊以沾濕擰乾的抹布擦乾淨吧。最後別忘了以乾抹布把水分徹底擦乾。

從外面回來時，玄關經常會被跟著帶回來的泥沙灰塵弄髒，放置在這裡的鞋子臭味也會聚集在玄關處。由於這裡是客人來時一定會看見的地方，一定要保持乾淨唷。

◇ 平日的打掃 ◇

以吸塵器將髒污吸乾淨。或者撒些沾濕的報紙，再用掃把清掃乾淨。

◇ 泥巴髒污 ◇

有排水口的話，可以倒一些「家用清潔劑」搭配刷子刷過之後沖洗乾淨。沒有排水口時，則噴灑「家用清潔劑」後再以抹布擦乾淨。玄關處保持通風，讓它自然風乾即可。

每年要打掃一次天花板。尤其是冬天，灰塵等會隨著暖氣一起飄揚在空氣中，然後沾附在天花板上。只要拿除塵紙拖把輕輕擦拭天花板就OK了。

牆壁

牆壁每年至少要清掃一次。如果有抽菸習慣，由於壁紙會殘留菸味發黃，最好每半年就清理一次。

將「家用清潔劑」噴在抹布上擦拭。擦拭時注意別讓清潔劑滲入壁紙連接的細縫內。

※塗刷牆面或是布製的壁紙容易吸水，就只能選擇乾擦的方式了。

※先在不明顯的地方試擦看看。

·應用篇·
撕除貼紙

牆壁上的貼紙無法撕乾淨時，可以吹風機吹熱後，再以指甲盡量剝除乾淨。殘膠則可利用沾有強力去污劑的抹布將它磨刷掉，再以清水擦乾淨即可。

紗窗

清潔窗戶時可一併清掃紗窗。空氣中的塵垢等很容易附著在上面，髒污的程度絕對超乎你的想像。

◇ 髒污程度不嚴重時 ◇

將除塵紙拖把柄縮短（或握在較短的位置），由內側→外側依序將灰塵擦掉，然後再以濕抹布擦乾淨。

◇ 髒污非常嚴重時 ◇

以除塵紙拖把清除塵垢後，將海綿打濕到不滴水的程度，倒上一點「玻璃專用清潔劑」讓它起泡，然後擦拭整個紗窗。接著再以沾水擰乾的抹布把泡沫擦乾淨。

玻璃窗

基本上最好在天氣好的日子清理，但如果只是要擦擦窗戶，陰天的時候來處理會更好。因為好天氣時由於氣候乾燥，噴在窗戶上的清潔液很快就會乾掉，因而留下痕跡。首先將抹布以水打濕後稍微擰乾，快速把髒污擦乾淨。接著使用「玻璃專用清潔劑」擦拭，然後立刻再以乾抹布擦乾淨。有凹凸設計或花紋的玻璃窗，噴上清潔劑後可以舊牙刷刷一下，再以清水擦乾淨。

窗框的部分先以吸塵器將髒污灰塵吸除，再利用捲著布條的筷子沾點「家用清潔劑」後刷乾淨。

 **沙發** 打掃時最容易被忽視的就是沙發上的汗漬、皮屑等髒污。為了延長沙發的使用壽命,一定要定期保養清掃。

＊布沙發＊

一般來說,以吸塵器將灰塵等吸就OK了。每個月一次以抹布沾取稀釋過的「中性洗衣精」,將抹布擰過後擦拭沙發,接著再進行清水擦拭→乾布擦拭即可。

＊真皮沙發＊

以抹布乾擦即可。污垢若是特別明顯,可將抹布沾取「家用清潔劑」後再擦拭。先在不明顯的地方試擦,看看是否會使皮革變色。

＊合成皮沙發＊

平常以抹布乾擦即可。污垢若是特別明顯,可以抹布沾少許的皮革清潔乳或皮革油(皮鞋店或皮包店等地方有販售),朝同方向薄薄塗抹在沙發上,然後再擦掉。

電視、電話、電腦、音響等

要清理電器用品,「靜電式集塵清掃用具」(除塵撢)是個相當方便的工具。覺得手印等髒污很明顯時,可使用抹布沾取「家用清潔劑」擦拭。不過,電器製品幾乎都不能碰水,清掃前請務必詳讀電器的操作說明書。

照明器具

平常以除塵撢等清掃就綽綽有餘,每年再仔細清掃1、2次即可。清掃時先關掉電源、拔下插頭,電燈罩朝外,以抹布沾取「家用清潔劑」擦拭,晾乾後再裝回去。

冷氣機的濾網,每年季節一到剛開始使用時要清掃一次,使用中每星期大概要清理2次。除了灰塵,黴菌的孢子也會卡在濾網上,若是不清理掉持續使用冷氣,這些黴菌孢子便會在房間裡四處飄散……。
拆下濾網,以吸塵器仔細將灰塵清除乾淨,或者以水沖洗之後再晾乾。

剩下的還有浴室、廁所、洗臉槽等容易積水的地方。

也是最容易滋生黴菌的地方。

積水的地方特別容易藏污納垢，所以隨時保持清潔是最基本的要求。

對呀。不過只要花點心思，就可以抑制黴菌的生長喔！

而且只要每天勤擦拭，就不需要勞師動眾地清理了。

換句話說，就是要經常打掃，讓它保持「不會髒」的狀態啦！

我們家的浴室⋯真不願去想起這個畫面啊⋯

因水垢而變白

灰濛濛的鏡子

黴菌

好像又陷入沮喪狀態了耶⋯

消沉～

高溫潮濕的浴室，是最適合黴菌生長的地方。斬草要除根，別讓你的浴室被黑漆漆的黴菌占領了。

浴缸

每次使用完畢一定要清洗。趁髒污乾掉之前清理是最好的，若是以溫水沖刷，很快就能將髒污清洗乾淨了。

1. 以溫水將浴缸整個打濕。
2. 將「浴室專用清潔劑」倒在浴缸蓄水側及底部轉角處。
3. 靜置30秒後以海綿輕輕刷過，再沖水洗淨。

※木製的浴缸一般只需要以水沖洗就夠了。不希望浴缸濕濕黏黏的話，可以加了漂白水的去污劑刷洗。

牆壁、洗臉槽等地方很容易殘留洗髮精等的皂垢。若是護髮乳裡含有護髮成分，會使得這些地方變得滑滑黏黏的甚至出現黴菌。因此最好每天趁清理浴缸時順手一起清洗。倒一點「浴室專用清潔劑」，以海綿輕輕刷洗，角落的地方可利用舊牙刷等刷一刷。沒辦法每天清理的話，至少也要以水將附著在牆壁或淋浴間的泡沫沖洗乾淨。

洗臉槽、牆壁、玻璃璃門、洗臉用具

浴簾

想完全清除黏附在浴簾上的髒污，就得將它拆卸下來，塗上稀釋過的「漂白水」，然後以水沖淨。晾乾之後，浴簾就能回復原本的乾淨清爽了。

排水孔

容易被皂垢或頭髮等堵塞的排水孔，也是細菌最喜歡逗留的地方。每星期至少清掃一次，就能避免排水孔變得黏黏滑滑、黑黑髒髒的了。

好多頭髮喔！

1. 將能夠拆卸的部分拆下來，以手摘除污垢垃圾。
2. 噴上「除霉劑」後靜置幾分鐘。
3. 以蓮蓬頭沖水，無法沖除的污垢可以舊牙刷或海綿刷洗乾淨。

防黴小技巧 ✦

黴菌滋生的條件！

在適度的「溫度」「濕度」「養分」「氧氣」條件配合之下，黴菌就會出現。相對的，只要消除條件的其中之一，黴菌就無處現形了。平日多注意以下幾點，努力消滅除了氧氣之外的黴菌滋生條件吧。

＊預防濕氣

泡完澡之後，在下一個人進來泡澡之前，一定要以蓋子蓋住浴缸，減少濕氣的發生。當所有人都洗過澡之後，將窗戶打開或啟動抽風機，盡早把浴室內的水氣統統排出去。

洗完澡後以熱水→冷水的順序沖洗

首先以熱水將牆壁或地板上殘留的肥皂泡沫沖掉，接著再沖冷水降溫，以免持續高溫讓黴菌得以滋生。

萬一已經出現黴菌的話。

黑漆漆的黴菌一但形成，時間一久會變得很難清除，因此一發現有黴菌，就要趁早清理。除霉劑的效力很強，使用前必須先打開抽風機，戴上手套、口罩甚至眼鏡後再開始清掃。

1. 為了徹底剷除黴菌，必須先以「浴室專用清潔劑」把皂垢等髒污處理掉。
2. 擦去水氣並徹底風乾。
3. 在發霉的地方噴上「除霉劑」。
4. 靜置10分鐘（最重的黴菌則靜置30分鐘）後沖水洗淨。
※ 處理位在高處的黴菌時，要小心別讓清潔劑滴到眼睛。可以海綿或抹布沾取清潔劑後再擦拭在黴菌處。

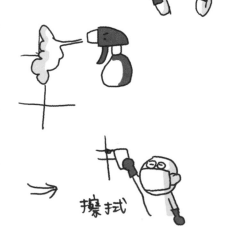

洗臉槽

這個地方很容易因為頭髮或皂垢等而變得髒兮兮。將「浴室專用清潔劑」噴在洗臉槽後靜置2～3分鐘，再以海綿或舊牙刷輕輕刷磨，將污垢刷除。最後以乾布擦拭，洗臉槽就回復潔淨明亮了。鏡子則可利用「玻璃清潔劑」擦亮。頭髮很容易掉落在洗臉槽附近的地板上，可以除塵紙拖把仔細清掃乾淨。每個星期別忘了以沾水擰乾的抹布擦拭一次。

玻璃專用

浴室專用

抹布（每周一次）

除塵紙拖把

廁所

一發現髒了就趕緊清掃，尿液或糞便馬上就可以清除掉。問題比較大的是沾黏在馬桶內側的黃斑及黑漬，一定要趁它們變成頑垢之前馬上將污漬清除。

黑漬

黃斑

＊馬桶內側

一般來說，以刷子將覺得髒污的地方刷一刷就差不多可以了，不過每個星期至少要針對發黃或黑漬處做徹底的清掃。將「廁所專用除臭清潔劑」倒在髒污處，以刷子刷乾淨後沖水。還是不行的話，就試試看覆蓋濕布法吧。

1. 將衛生紙蓋在髒污處。
2. 均勻噴灑上「廁所專用漂白水」。
3. 靜置30分鐘後沖水洗淨。

30分鐘後沖掉！

＊馬桶外側・地板・

要在廁所裡使用抹布，的確有點掙扎。這時候若是使用拋棄式的廁所專用紙巾，擦過髒污後馬上丟棄，就方便多了。按照髒污的程度，依「門把→衛生紙架→牆壁→儲水桶→馬桶蓋→馬桶坐墊外側→馬桶外側→拖鞋內側→地板→馬桶坐墊內側→馬桶內側」的順序擦拭吧。

萬歲～

哇─耶…革…革命？

這種紙巾真是一大革命呀！

哇─

耶─哇─

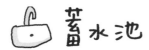
蓄水池

蓄水池雖然只是用來盛水，卻是個很容易變髒的地方。平常只要以濕紙巾擦過就可以了，但由於水中的鈣質與鐵質等會漸漸與灰塵結合而形成黃斑、黑漬，一定要定期清洗。

黃斑王

1. 把抹布捲成布條塞住蓄水池的孔洞。
2. 倒入60～70℃的熱水後加進「還原型漂白水」。
3. 靜置20～30鐘之後以海綿或刷子輕輕刷磨。
4. 取下塞住的布條，將池中的水放掉。

黑漬

1. 倒上去污劑後以舊牙刷刷洗。
2. 以抹布擦拭，不要沖水。
3. 若還是無法去污，可以較細的耐水磨砂紙輕輕刷磨。

※請注意，太過用力刷磨可能造成傷痕。

清潔免治馬桶時要注意、!!

由於免治馬桶座大多是以不太能承受清潔劑成分的塑膠所製成，使用清潔劑時一定要挑選有標示為「馬桶坐墊」用的產品。

我們家的產品當然沒問題囉～

洗衣的基本常識

奇怪，這件T恤上怎麼會有白粉？洗過了嗎？到底是什麼呀？

へー已經洗過了。

唔…好像是洗衣粉的味道耶！

喂喂，妳在幹嘛啦？

聞聞

奇怪～到底是什麼啦？傷腦筋耶！

啊！我想到了！

扭扭捏捏

洗衣粉

唉呀，我們又見面了！

嘿嘿嘿～

為了諮詢有關洗衣服的問題，我又再次登門請教花王的專家們。

157

1 選擇適合材質的洗衣劑

你該不會洗任何衣物都使用同一種洗衣劑吧？
要把衣服洗得乾淨又不傷衣料，最重要的便是按照衣物的材質挑選洗衣劑。

 一般衣物

基本上使用的是能夠徹底去除污垢的「弱鹼性洗衣劑」。想要讓白襯衫之類的衣服變得「白帥帥」，可以選擇添加螢光劑的產品。若想保持衣服的原本色彩，就挑選標示不含螢光劑的洗衣劑。希望衣服變得軟綿綿，可以一併使用柔軟精。

彩色衣物筆　無螢光劑

白襯衫　螢光劑

 標示為毛料或需要乾洗 乾洗 的衣物

這類衣料特別容易受損，最好使用「中性洗衣劑」。此外，如果一般衣物的洗滌標示上註明要使用「中性」，就不必拘泥它的材質，使用中性洗衣劑就對了。

總之把我變白就對了!!

支給我吧!

洗衣服的基本原則

嗡

弱 40 中性

中性

還可以再多放幾件!!

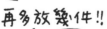

塞滿

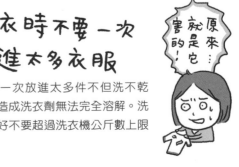

2 洗衣時不要一次塞進太多衣服

洗衣服時一次放進太多件不但洗不乾淨，也會造成洗衣劑無法完全溶解。洗衣件數最好不要超過洗衣機公斤數上限的8成。

原來…就是它害的!

根據洗滌標籤上的圖示來清洗衣物

大多數的衣物內側都會縫上該件衣物的洗滌、擰乾及乾衣方式等圖示。洗衣服之前記得看清楚圖示，以正確的方式來洗滌吧。

◇主要圖示一覽表◇

可在機器中水洗，最高水溫不超過40℃。

可在機器中水洗，最高水溫不超過40℃，但須弱速洗滌並縮短洗程。

可在機器中水洗，最高水溫不超過30℃，但須弱速洗滌並縮短洗程。使用中性洗衣劑。

手洗

須以手洗滌，最高水溫不超過30℃（不可使用機器水洗）。

不可水洗。

可用石油類、氟素、四氯乙烯、三氯乙烷乾洗溶劑洗滌。

限用石油類乾洗溶劑洗滌。

不可用乾洗。

☆ 小叮嚀！

這個圖示並非表示「只能乾洗」而是「可以乾洗」的意思。因此並不代表該件衣服非送乾洗不可。

可使用氯系漂白劑漂白。

不可用含氯漂白劑漂白。

要用哪一個呢？？？

選個洗衣模式吧！

可用手擰，或短時間弱速脫水。

勿用手擰或脫水。

◇進口衣物的洗滌圖

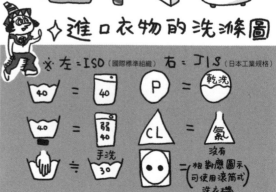

※左＝ISO（國際標準組織）　右＝JIS（日本工業規格）

ISO		JIS
40	＝	40
40	＝	弱40
手（洗）	≒	手洗30
P	＝	乾洗
CL	＝	氯
⊙		沒有相對應圖示（可使用滾筒式洗衣機）

以 20°C～40°C 溫水洗滌

使用冷水不容易讓污垢脫落，最好是以用過的洗澡水之類的溫水來洗衣服。不過最後的清洗還是要使用乾淨的自來水。

遵守洗衣劑的規定用量

並不是「洗衣劑放得越多、衣服就洗得越乾淨」。太多的洗衣劑反而會因為無法完全沖洗乾淨而殘留在衣服上。當然，為了省錢而少放洗衣劑，會讓衣物上的污垢無法完全脫落，因此最重要的便是遵守洗衣劑上標示的規定用量。

聰明利用洗衣網袋

洗衣網袋雖然能夠預防衣物受損或附著毛屑，但也同時減弱了洗滌效果。不易變形的衣物可以直接放入洗衣機，髒污特別嚴重的話可以先處理再放入洗衣網袋。

粗網

可預防衣物變形、打結。適合襯衫、T恤、針織衫等。

適合較細緻的衣物，如縫有裝飾珠釦或亮片的衣物，絲襪、有刺繡的貼身衣物等。

細網

＊重點＊

＊扣好釦子或拉鍊。
＊將髒污的一面朝外，摺好後再裝進袋內。
＊不要一次放太多件衣物。也不要把一堆衣服塞進洗大型衣物用的大網袋內。
＊有印圖案或有裝飾珠釦、有刷毛處理的一面請往內翻。

襪子、純棉內衣褲等可以直接放進洗衣機洗滌唷

驚

不管什麼統統都塞進洗衣網袋裏的人還真不少呢～

洗衣之前的 準備工作

① 將待洗衣物分類

*按照「顏色較深」「白色衣物」分類。
*按照「特別髒」「不太髒」分類。
*按照「洗滌方式」「使用的洗衣劑」分類。

② 髒污特別嚴重的衣物要先做處理

把口袋裡的雜物拿出來。泥漬、食物殘渣等
有時以一般的方式是處理不掉的，這時可以
多加利用專門用於事先處理的洗衣劑。

領口污漬
或食物殘渣

③ 把衣物放進洗衣網袋

④ 倒入洗衣劑，啟動洗衣機

一般衣物之外的物品的洗滌方法

3種手洗方式

1. 壓洗

在洗滌水中以「壓下」「拉起」的方式清洗。

2. 泡洗

把衣物泡在洗滌水中,不要碰觸衣物。

只要看著它就行了…

3. 漂洗

在洗滌水中前後搖動清洗衣物。

標示可手洗的衣物

洗衣機上若有「手洗(毛料)模式」的標示,可以將衣物放進洗衣網袋內清洗,直到脫水完成。要自己手洗的話,請依照以下的順序進行。

1. 將領子、袖子等容易髒污的部分往外翻後疊好。
2. 以中性洗衣劑溶成洗滌水,讓衣物浸泡2～3分鐘。
3. 輕輕地進行20～30次「壓洗」。
4. 放進洗衣機,脫水15～30秒。
5. 泡水來回按壓清洗10～15次。換水後再清洗一次。
6. 放進洗衣機,脫水15～30秒就完成了。

 ## 標示不可水洗的衣物

雖然衣物上有出現這個圖示,只要符合以下的條件,還是可以自己在家手洗。

*屬於「壓克力」「化學纖維」「純棉」「尼龍」材質的衣物。

*衣物上沒有珠釦等任何裝飾品或經過皺摺處理。

*非深色衣物。

*沒有加太多襯裡的衣物(西裝、外套、領帶等都不行)。

洗衣機若是具有乾洗功能,可以將衣物放進洗衣網袋內清洗,直到脫水完成。要自己手洗的話,請依照以下的順序進行:

1. 將領子、袖子等容易髒污的部分往外翻後疊好。
2. 以中性洗衣劑溶成洗滌水,採取「泡洗」方式靜置15分鐘。
3. 將疊放的衣物直接取出放進洗衣機,脫水15～30秒。
4. 泡水靜置1分鐘後以水清洗。換水後再清洗一次。若要加柔軟精,可以在最後一次清洗時加入,靜置3分鐘。不論是任何衣物都不需要壓洗或漂洗,只要靜置就行。
5. 放進洗衣機,脫水15～30秒就完成了。

晾乾衣物

脫水完畢後最重要的就是立刻晾衣。濕濕的衣物放著不管很容易出現皺摺,甚至可能把染料滲透到其他衣物上。參考洗衣標籤,選擇合適的方式晾乾衣物吧。

① 拉平較大的 皺摺

輕輕將衣服抖開。

② 拉平較小的皺摺

把衣服摺好,以手掌拍一拍後扯扯領子、袖口、口袋的部分,將它們拉平。

③ 依照標示上的方式晾乾

| 吊掛晾乾 | 平放晾乾 | 於陰涼處吊掛晾乾 | 於陰涼處平放晾乾 |

陰涼處晾乾中

縮短脫水時間,可以有效預防衣服產生皺摺喔

哇嗚

各類衣物的  基本晾衣法

針織衫 罩衫等

這種有伸縮性的衣物，不必抖開，輕拍之後放在平台上晾乾。如果沒有專用的晾衣平台，也可攤開放在曬衣架的上面。

專用 晾衣 平台

百襯衫、 T恤等

掛在衣架上吊起晾乾。使用寬一點的衣架，可以縮短晾乾的時間。另外，掛上衣架時記得從下襬處穿上去，不要拉扯到衣領處。

NG 鬆垮～ OK!

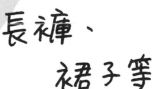

長褲、 裙子等

將衣物的內面往外翻，拉成圓筒狀後夾在曬衣架上。這樣可以讓它早點晾乾，同時避免顏色互染。

在室內晾乾衣物時

晾的時間太久容易滋生細菌，引發臭味。注意以下幾點，可以縮短衣物的晾曬時間。

*脫水結束後立刻晾乾。
*晾掛的衣物彼此間要留有空隙。
*盡量在通風良好的地方晾衣服。

※利用電風扇、除濕機、冷氣等也能加快衣物晾乾的時間。衣服若不是很潮濕，以熨斗燙一下，很快就會乾了。

過季的衣物或雜物、床單等可以稍微整理一下後以洗衣機清洗，或者以手洗方式徹底洗乾淨。請參考洗滌標籤上的圖示，看看是否能夠在家自己洗。

特殊衣物的洗滌方法

 … 弱鹼性洗衣劑

 … 中性洗衣劑

牛仔衣褲

1. 扣上釦子或拉鍊，將內面往外翻以免褪色。
2. 將髒污處朝外，摺疊後放入洗衣網袋。
3. 牛仔衣物容易褪色，最好單獨洗滌。
4. 維持內面朝外的狀態拉成圓筒狀後於陰涼處風乾。

麂皮製品

麂皮衣物嚴禁碰水。穿過的麂皮衣物可以專用刷或較硬的尼龍刷將髒污刷掉。

不能碰水!!

真皮衣物、人造皮革

我的魂魄…

1. 將中性洗衣劑稀釋到手洗用的濃度，以軟布沾濕後用力擰乾。
2. 擦拭整件衣服。領子與袖口處要擦得特別仔細。
3. 以沾清水擰乾的軟布將洗衣劑徹底擦掉。
4. 以乾的軟布將水分擦乾後置於陰涼處風乾。
※ 表面未經加工的皮革衣物，只能以軟布乾擦。
※ 有些人造皮革衣物是可以水洗的，請詳讀洗滌標籤上的標示。

大多數的皮製品都不能水洗，穿過之後可以軟布將整件衣物稍微擦拭過。髒污很明顯的話可以下列方式處理：

1. 髒污很明顯時可以含少量水分的海綿直接沾取中性洗衣劑,輕輕按拍。
2. 洗衣機內放水,加入中性洗衣劑溶解成洗滌水。
3. 把羽絨外套泡進去,以手壓洗。嚴重的髒污處可以海綿按拍。
4. 直接在洗衣機內脫水30秒,換水後清洗2次。
5. 洗衣機內再次蓄水,加入柔軟精後靜置3分鐘,再脫水30秒。
6. 基本上採取陰乾或平放晾乾。即使羽絨都結塊了,還是放著晾乾。

羽絨外套 中

是我的羽毛喔...

7. 乾到一定程度後以手將羽毛推鬆,把外套掛在衣架上。
8. 完全乾了之後以鼓掌方式雙手拍打,將羽絨均勻拍開。
9. 在室內繼續晾2~3天,讓羽毛完全乾燥。
10. 可以拿到室外噴灑防水劑。

啪啪

燈心絨衣物 中

1. 扣好釦子或拉鍊。
2. 將髒污處朝外,摺疊後放入洗衣網袋。
3. 依照洗滌標示清洗。深色衣物請單獨洗滌。
4. 脫水後將絨毛往同方向刷,拉成圓筒狀後晾乾。

髒污處朝外

雪紡紗裙 中

1. 髒污若是很明顯,可以沾點中性洗衣劑後以手指輕輕推搓。
2. 水桶內放水,加入中性洗衣劑溶解成洗滌水。
3. 泡入裙子後進行20~30次「漂洗」。
4. 清洗時同樣在水中輕漂,換水後再重複清洗2次。
5. 水桶內再次蓄水,加入柔軟精後靜置3分鐘,再脫水30秒。
6. 輕輕拍打拉平皺摺,將內面往外翻並拉成圓筒狀晾乾。

20~30次

棉質帽子

1. 汗漬等特別容易沾附在帽緣內側，將可消除汗漬的洗衣劑直接倒在這裡。粉末狀的洗衣劑可以少量水溶解，或加在液體洗衣劑內。
2. 準備一個跟帽子差不多大小的塑膠籃，將帽子套上去。
3. 以溫水徹底溶解洗衣劑，將帽子連同塑膠籃一起泡進去。
4. 利用刷子或海綿將整頂帽子刷乾淨。
5. 清洗時帽子依然要套在塑膠籃上，換水後再清洗2次。
6. 以毛巾擦乾水分，帽子套在塑膠籃上陰乾。

毛料帽子、手套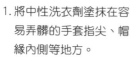

1. 將中性洗衣劑塗抹在容易弄髒的手套指尖、帽緣內側等地方。
2. 水桶裡裝入溫水（低於30℃），加入中性洗衣劑調成洗滌水。
3. 進行20～30次壓洗後放入洗衣機，脫水15～30秒。
4. 換水清洗2次。
5. 以毛巾擦去水分，將形狀整理好後陰乾或平放晾乾。

圍巾、披肩

1. 如果有裝飾的流蘇，將流蘇往內側的方向摺。
2. 水桶裡裝入溫水（低於30℃），加入中性洗衣劑調成洗滌水。
3. 浸泡約15分鐘。
4. 維持摺疊的狀態放進洗衣機脫水。等脫水槽轉速穩定後繼續脫水20～30秒。
5. 放入水桶裡，裝水靜置1分鐘。重複進行步驟4與5。
6. 再次脫水20～30秒。
7. 整理好形狀後陰乾&以「M」字晾乾。
8. 晾乾之後以刷子輕刷流蘇的部分。

※大多數都能以洗衣機清洗，請詳讀洗滌標籤上的標示。

流蘇往內摺！

☆M字晾乾☆

陽傘

1. 把傘打開，以手輕拂傘面將灰塵拍掉。
2. 將中性洗劑加水溶解成洗滌水。

好溫柔唷！

3. 以海綿沾取洗滌水輕輕刷洗，注意不要磨出毛屑。
4. 沖水清洗。
5. 將傘打開著陰乾。

絲巾

1. 準備好浴巾及熨斗。
2. 明顯的髒污處可滴幾滴中性洗衣劑，以手指輕輕按拍。
3. 水桶裡裝入溫水（低於30℃），加入中性洗衣劑調成洗滌水。
4. 抓住絲巾兩端迅速進行「漂洗」。
5. 清洗時同樣在水中進行漂洗，換水後再清洗2次。
6. 以手輕輕擰扭後夾在浴巾內，吸乾水分。
7. 趁還沒全乾之前以熨斗（中溫）熨燙。

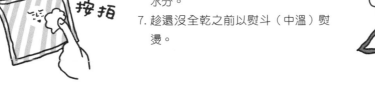

按拍

哇啊！

皮草製品中

穿過之後的皮草製品，可將毛整理一下之後以刷子梳理。接著以濕毛巾擦一擦再陰乾。髒污很明顯的話，可利用以下的方法處理。

1. 將中性洗衣劑稀釋成手洗的濃度，以軟布沾取後用力擰乾。
2. 朝著同一方向輕輕擦拭。反方向也要擦。
3. 以沾清水擰乾的軟布仔細把洗衣劑擦乾淨後再陰乾。
※每3年要送洗衣店乾洗一次。
※有些皮草製品可以水洗，請詳讀洗滌標籤上的圖示。

浴衣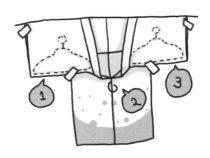

1. 將沾附在衣袖下襬的髒污、灰塵清除掉。
2. 嚴重的髒污處可以倒一點洗衣劑。
3. 衣身以「之」字形方式摺疊好（下襬朝向正面），放入洗衣網袋內。

4. 以洗衣機的「手洗（毛料）模式」洗滌至脫水結束，或者以「弱水流」模式洗滌後脫水30秒。
5. 雙手以拍手方式輕拍浴衣，並將皺摺處拉平，將衣服的形狀整理好。
6. 將衣架放在圖示的3個地方，對折後陰乾。

1. 脫下來之後立刻在水龍頭下輕輕沖洗，回家後盡快洗滌。
2. 水桶裡裝入溫水（低於30℃），加入中性洗衣劑調成洗滌水。
3. 輕柔地進行「壓洗」。
4. 清洗時同樣在水中進行壓洗，換水後再清洗2次。
5. 以洗衣機脫水15秒。
6. 整理好形狀之後陰乾。

泳裝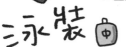

1. 把蝴蝶結、衣服等物品拆卸下來，放進粗網洗衣袋內。
2. 以洗衣機的「手洗（毛料）模式」洗滌至脫水結束，或者以「弱水流」模式洗滌後脫水30秒。
3. 以雙手輕拍並整理好形狀，放在通風處陰乾。
4. 長毛的玩偶晾乾到某個程度後可以梳理一下。
5. 持續陰乾2～3天，讓內裡完全乾透。

玩偶

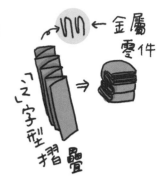

1. 將金屬零件拆下，「之」字形摺疊後放入洗衣網袋內。
2. 以洗衣機的「手洗（毛料）模式」洗滌至脫水結束，或者以「弱水流」模式洗滌後脫水30秒。
3. 把窗簾掛回軌道上，整理好形狀之後風乾。金屬零件與窗戶也要擦拭乾淨，以免弄髒好不容易洗乾淨的窗簾。

床鋪保潔墊、毛毯

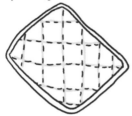

床單、被單、蓋毯

1. 髒污的一面朝外後以「之」字形摺疊。
2. 洗衣機若有清洗「毛毯」或「大型衣物」的功能，可選擇該項模式洗滌至脫水。有手洗功能的話則選擇「手洗模式」。
3. 整理好形狀後採取M字形晾乾。

1. 髒污的一面朝外後以之字形摺疊。
2. 選擇洗衣機的「標準模式」洗滌至脫水。
3. 整理好形狀後採取M字形晾乾。

！不能以洗衣機清洗時！

1. 在浴缸裡蓄溫水（30℃以下），溶入洗衣劑。
2. 將摺成「之」字形的保潔墊等泡進去，以腳踩踏清洗。
3. 在浴缸裡蓄存15公分左右高度的溫水清洗，重複幾次直到水呈透明。
4. 將浴缸的水放掉，以腳踩踏盡量把水分擠乾。
5. 整理好形狀後採取M字形晾乾。

在外面沾到污漬時，最好能夠當場就先做處理，回家後馬上進行正確的除污工作。

清除污漬的方法

緊急處理

醬油、咖啡等不含油分的污漬

1. 以沾水的面紙輕輕將污漬處打濕。
2. 將手帕等墊在污漬背面處，正面再以乾的面紙輕拍，讓污漬滲透到手帕上。
3. 移動手帕反覆進行上述的動作，最後把水分擦乾。
※絕不可以用摩擦的方式處理！

口紅、沙拉醬等含有油分的污漬

不論沾到什麼都不能以磨擦方式處理唷!!

1. 以面紙輕壓，將油分吸上來。
2. 面紙沾水，沾取少量肥皂後將髒污處打濕。
3. 將手帕等墊在污漬背面處，正面再以濕的面紙輕拍，讓污漬滲透到手帕上。
4. 移動手帕反覆進行上述的動作，最後把水分擦乾。
※絕不可以用摩擦的方式處理！

清除污漬的方法

首先要確認衣服是否會褪色。在不顯眼的地方先以水打濕後輕輕揉壓在白色的布上看看，若是會掉色，就把衣服送到乾洗店處理吧。

清除的方法依污漬種類而異，處理時請多加注意。

污漬的種類　　　　　　　　　　　　　處理方法

醬油、咖啡、番茄醬 …………………………▶ ① → ② → ③

血液、墨水、紅茶、紅酒 ……………………▶ ① → ③

口紅、粉底、巧克力、原子筆 ………………▶ ②

咖哩、肉醬、沙拉醬 …………………………▶ ② → ③

處理方法 ①

*準備的物品*毛巾、牙刷（棉花棒、或者將紗布纏在手指上）

1. 沾到污漬的一面朝下，覆蓋在乾毛巾上。
2. 牙刷沾水打濕，從污漬正面往下輕拍，讓污漬滲透到底下的毛巾上。
3. 移動毛巾繼續輕拍，直到毛巾上不再沾附污漬。
4. 以乾毛巾吸乾水分後自然乾燥即可。

拍拍 毛巾

處理方法 ②

*準備的物品*毛巾、牙刷、中性洗衣劑或洗碗精

1. 沾到污漬的一面朝下，覆蓋在乾毛巾上。
2. 以牙刷沾取洗衣劑，從污漬正面往下輕拍，讓污漬滲透到底下的毛巾上。
3. 移動毛巾繼續輕拍，直到毛巾上不再沾附污漬後以水沖洗乾淨。
4. 以乾毛巾吸乾水分後自然乾燥即可。

處理方法 ③

*準備的物品*水桶、漂白水

1. 水桶裡裝水後倒入漂白水。
2. 將衣物泡進去，靜置一會兒。中途要檢查一下衣物的狀況，浸泡到污漬消失為止，但最多不可超過2小時。
3. 水桶裡裝水，將衣物清洗後換水，再清洗2次。
4. 放進脫水槽脫水後晾乾。

上限是2小時

熨燙衣服的基本常識

太棒囉！

順便介紹一下燙衣服的方法吧！

穿著沒有皺摺的衣服，總是容易令人留下好印象。快快幫妳的先生把白襯衫燙得又挺又直吧！

1. 按照洗滌標籤上的圖示來熨燙

一定要依照材質來調整熨斗的溫度，以免損壞布料。

熨斗的最高溫極限為210℃。可以高溫（180℃～210℃）熨燙。

熨斗的最高溫極限為160℃。可以中溫（140℃～160℃）熨燙。

熨斗的最高溫極限為120℃。可以低溫（80℃～120℃）熨燙。

圖示下方若有波浪紋，表示熨燙時底下要墊一塊布。

表示無法以熨斗熨燙。

2. 區分乾燙與蒸汽熨燙

乾燙主要用噴霧器來熨燙合成纖維衣物。

蒸氣熨燙大多用於壓出長褲的摺線或將毛料衣物的皺摺燙平時。

3. 依照熨燙的部位變換熨燙方式

熨燙襯衫的身體部位或床單時，朝著同一方向輕輕滑動。

要燙出線條時，小面積地往下方輕輕施壓。

要讓毛衣等變得更軟蓬時，可以將熨斗提高約1公分，利用蒸氣熨燙。

4. 先燙小地方，再燙大範圍

大範圍的部分容易出現皺摺，從局部燙起會更有效率。襯衫的話從衣領或袖口處開始，西裝褲將內面往外翻，從口袋或腰圍處開始熨燙。

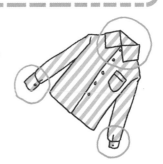

5. 熨燙之後放涼再處理

衣物還有熱度時很容易受潮而出現皺摺。燙好之後的衣服最好先掛起來，等它溫度下降了再摺疊。

手帕

1. 確定織紋走向

握住兩端往左右拉拉看，不會伸縮的方向即為縱向。

2. 兩個邊角

以熨斗的尖端熨燙左上及右上方的邊角。

3. 整體

熨斗往縱向滑過熨燙。不要斜向熨燙，以免手帕變形。

各種衣物的熨燙方式

襯衫

經過「防皺加工」處理的襯衫，只要依「肩膀→袖子→右前片→後片→左前片」的順序熨燙即可。

1. 領子

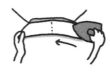

先從內側燙起。將領片的縫線處拉直，自兩端往中間熨燙。燙完之後繼續熨燙反面。

3. 袖口

將縫線處拉直，從內側開始熨燙。裝飾壓摺處拉整齊後施壓熨燙。

2. 肩膀

將領子立起，肩膀部位頂著燙馬的邊角處。細微局部可利用熨斗的尖端熨燙。

前　領子　抵肩　裝飾　壓摺　袖口　前片

後　肩膀　後片

各部位的名稱

裙子

1. 裙子的內側

將內側往外翻，沿著縫合處從裙襬往腰部方向熨燙。內裡也要快速燙過。

2. 裙子的外側

將裙子翻回正面，從下襬往腰部方向整個燙平。腰圍處不好燙的話，可以墊一塊毛巾。

! A字裙

拉一下布料，確定織紋的走向後，讓熨斗從縱向或橫向燙。往斜向熨燙會拉扯衣料，造成變形。

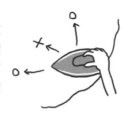

! 百褶裙

整理好褶子後，下擺處以曬衣夾夾好，就能燙出漂亮的線條。

6. 後片

慢慢推動熨斗熨燙整個後片。打摺處拉整齊後施壓燙平。

4. 袖子

將袖子下方的縫合處拉整齊之後，沿著縫合處往側邊接縫方向熨燙，再依序熨燙腋下及衣袖上端。

7. 左前片

一邊拉整前襟將它整個燙平。最後從口袋外側往內側熨燙。

5. 右前片

將側邊接縫拉直，整個燙平。以熨斗尖端施壓熨燙鈕釦四周處。

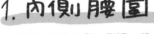長褲

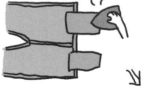

1. 內側腰圍

將長褲內側往外翻,熨燙口袋內裡與腰圍處。

2. 大腿內側

沿著縫合處施壓,從褲腳往腰圍方向熨燙。

3. 前摺線、口袋

將褲子翻回正面,裡面塞一條浴巾。拉好前摺線,一邊施壓熨燙。口袋部分則以熨斗尖端仔細燙平。

浴巾

4. 對齊、摺線

將左右腳的縫線處相互對齊,平整地放在燙馬上。翻起上方的褲管,將下方褲管從褲腳往腰部方向熨燙。燙好後放下翻起的褲管,以相同方式熨燙。結束後整件褲子翻面,另一邊也以相同的方式處理。

拉直

挺拔的雙腳♡

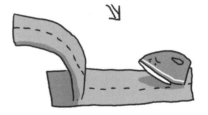

需要特別注意的地方

荷葉邊

以熨斗的尖端熨燙的同時以另一隻手撥開布料，才不會破壞了原有的線條。

珠珠、亮片

不要直接以熨斗熨燙。底下墊一條毛巾，從內側施壓，利用蒸氣熨燙。

已經磨損的衣物

底下沒有襯著毛巾就熨燙、或者因體重施壓，纖維就因磨損扁塌而逐漸磨禿。磨損得很嚴重的部位甚至無法恢復原狀，最好趁狀況還輕微時趕緊處理吧。

禿亮學園

磨禿

磨損

扁塌

毛料衣物

將熨斗提高，利用蒸氣熨燙。

學生制服

以刷毛較硬的牙刷將纖維翻起，衣服底下墊軟布，將熨斗提高，利用蒸氣熨燙。

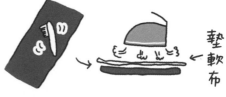

墊軟布

專欄 3

如何處理棉被和與床具

人生有將近1／3是在床上度過，絕對有必要讓床保持潔淨舒適。為了讓家人有更好的睡眠品質，記得要經常清理唷。

棉被

天氣晴朗時，在早上10點～下午2點的時段將棉被拿出來曬一曬吧。不過若是前一天有下雨，由於空氣中的濕度偏高，即便是晴天，也不建議曬被子。另外，下午3點以後的濕度也會偏高，別忘了把棉被收進屋裡。羽毛被由於不易累積濕氣，加上不適合直接曝曬，不需要經常拿出來曬太陽，但要偶爾「晾在陰涼處」讓羽毛恢復蓬鬆。不需要拍打被子，只要輕輕撢掉灰塵即可，以免傷及棉被的纖維。另外，光靠晾曬是殺不死塵蟎的，一定要以吸塵器吸過。

10:00 ～ 14:00

床單

由於床單會直接接觸到皮膚，很容易被汗水、口水等弄髒，最好每隔2～3天就清洗一次，或者至少每星期洗一次。

床墊

床墊也是個容易招惹塵蟎與濕氣的地方……。但是不同於棉被，沉重的床墊不是想曬就能拿出來曬的。只要「在床墊與被單之間鋪一層保潔墊」或「偶爾立起來通風一下」就足夠了。當然，床墊也要經常（每周一次）清理。

此外，每隔3個月將床墊的上下面翻轉，可以避免床墊凹陷得太嚴重，延長使用壽命。

關於家事

收納基本篇

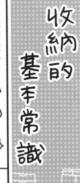

收納的
基本常識

最近我太太
非常熱中於
學習當個
家庭主婦，

打掃
吸吸一

和鄰居交流

喔唷～
當的呀
的呢…
啊…
哈哈哈

管理家庭
收支

料理

按按一

入江的老公

我從沒想過
她可以做得這麼好。

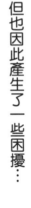

但也因此產生了一些困擾…

老婆，
剪刀放在
哪裡呀？

在右邊第2個抽屜
上面數來第3層。

是這裡
嗎…？

哇…

整齊

東倒
ビ山崩
西歪

用完一定要
放回原位

又或者…

哪放得
回去呀！

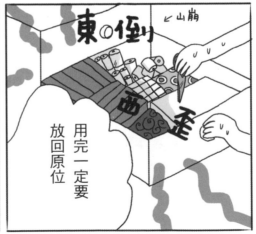

182

啦啦啦～♪

擦擦

我把餐具擦乾淨了，要放回哪裡去？

擺著就好，反正只有我知道放在哪裡

這是有技巧滴…

就是這樣。

愛整潔當然是好事，但是矯枉過正，日子就難過了…

沮喪

入江的老公

老婆呀，家裡整理得乾乾淨淨是很好啦！

可是我現在有點搞不清楚東西都放哪兒去了…

我…我是說妳做得很好，只是我偶爾會有點小迷惑…

瞪

你說什麼…

嘶

你這傢伙！我已經這麼努力，你還有什麼好抱怨的…

對不起，我不是在抱怨啦…別生氣！

哼！

本以為把東西收納乾淨，日子就能過得更惬意，

為何還是覺得不輕鬆？

半吊子代表

←半吊子的表情

耶－ 哇－

當天晚上…

…老實說，我自己也有一點點這樣的感覺…

唔嗯…

哦，竟然有整理收納諮詢師這種職業耶～

收納達人 ✦ ✦
Studio HAGA

這個時候…

PC

…………

可惡…

哈哈哈，原來如此～

對於收納，妳自己也有這種感覺是吧！

呵呵呵

妳在做什麼？

嘿嘿嘿

184

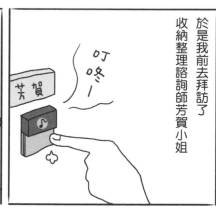

於是我前去拜訪了收納整理諮詢師芳賀小姐

您好，不好意思，還讓您特地跑來我家。

您太客氣了

太…太強了，您家乾淨得就像展示間呀～

呵呵，這是我的工作嘛！

我也曾經試著按照雜誌上介紹的收納術把家整理得乾乾淨淨，卻對生活造成許多壓力…

超收納

神奇整理20

收納Book

有這種經驗的人還滿多的。

雜誌介紹的技巧大多能施行，但對某些生活方式的人來說卻很不實用。

一不注意就堆成小山了！

暫存BOX ⇒ 暫存BOX

夾縫型收納 ⇒ 東西很難拿出來…

基本的收納

重點在於以基本的收納方式為基礎，再根據個人的生活習慣搭配施行。

1.收納方式必須方便全家人使用

即便自己對收納的位置瞭若指掌，若不能讓全家人都覺得「方便拿取」、「好收拾」，就會對家庭生活造成不便。

「日常用品的備用品集中放在一個地方，東西在哪裡便一目瞭然」

「考慮到孩子的身高，放置個人用杯的地方要設定在低一點的位置」，像這樣以家中成員的習慣來訂定收納規則，才能讓大家養成「用完後放回原位」的好習慣。

2.站在使用的觀點來看收納

東西要能夠使用才有意義。即使有辦法把東西全都整齊收納在10公分的窄縫中，如果東西被拿出來使用的機率變低，反而失去意義。

「如何收納在方便拿取的地方」要比考慮如何把東西塞在一起更重要。因此，「放在這東西會經常被使用到的地方」「會一起使用的物品就收在同一個地方」等，才是考量的重點。

★浴巾、內衣褲可以收在浴室附近

★垃圾袋就收在垃圾桶附近

❀封信紙組
（郵票、筆、信封、信紙）

✤參加喪禮用品組
（念珠、白手帕、黑色絲襪、絹布、黑色的正式禮服、包包、奠儀袋）

3. 依照使用頻率的高低來制定收納位置

常用的物品，盡量放在不需太費力就能拿到的地方。此外，收納物品時還要考慮物品的「重量」。常用的東西如果重量較重，就放在低一點的位置，減少身體的負擔。

方便使用的收納高度	使用頻率	衣櫃・壁櫥	廚房
必須有墊腳的櫃子	偶爾才會用到、重量較「輕」的物品	旅行袋、滑雪器具等季節性用品	逢年過節才會用到的餐具
伸手就拿得到	較常用到的物品	帽子、包包、急救箱等	磅秤、茶葉、備用食材等
容易拿取（眼睛高度～腰部）	日常生活用品	平日穿的衣服、內衣褲、棉被、文具等	餐具、杯子、碗等
必須蹲下	偶爾才會用到、重量較「重」的物品	非當季的衣物、報紙、吸塵器、縫紉機等	砂鍋、烤肉盤等

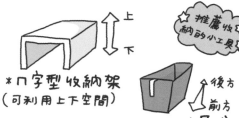

上
下

☆推薦收納的小工具☆

＊ㄇ字型收納架
（可利用上下空間）

後方
前方

＊附把手的抽屜式收納盒
（可利用後側至前方的空間）

像壁櫥這種具有深度的收納場所，「前方」與「後方」的使用便利性並不相同。常用的東西要放在前方。放在前方的東西若大多是一些細小的物件，可以統一收在盒子之類的容器內，拉出盒子後，就能立刻拿取放在後方的物品了。

4. 每年清理一次不再需要的物品

最終極的收納技巧便是「讓東西慢慢變少」。據說，日本家庭的收納空間大概占全家的30%。也就是說，有30%的房租或房貸是支付來「放東西」的……為了不被物品牽著鼻子走，每年最少要審視一次收納的物品。檢查時重點放在「要用」或「不要用」，而非「要」或「不要」。

超過這座書架容量的書就把它丟了!!

一整年完全沒碰過的衣服、餐具等，就下定決心將它們丟了吧。對於那些與日俱增的書本或CD訂定「這個櫃子放不下的就要清理掉」的規則，讓收納變得更加簡潔。無法立刻決定是否該丟的物品，可以集中放在一個地方，並訂下一個「〇月〇日」的期限，到這個日期之後還是用不到的話，那就丟了吧。

衣物的 摺疊方法

摺疊收納衣服時，原則上必須「搭配抽屜的深度，將衣服立起來收納」。也可以利用擋書架做分隔，這樣即便抽出其中一件衣服，也不會造成其他衣服倒塌的情況。各位可以參考以下的方法，搭配收納位置的大小來摺疊衣物。

☆T恤‧POLO衫☆

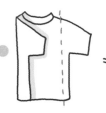  

1. 有釦子的衣服將釦子扣上，衣服正面朝下，兩袖從接縫處往後摺。

2. 將下襬往上對摺，與肩膀處相貼。

☆襯衫☆

  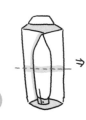

1. 有釦子的衣服選擇2處扣上釦子，正面朝下，兩袖從接縫處往後摺。

2. 袖子貼著衣服側邊往回摺。

3. 將下襬往上對摺，與肩膀處相貼。

☆長褲☆

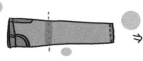 

1. 於1／3處將腰圍向內折。

2. 於1／3處將褲腳向內折，塞入腰圍的摺縫內。

3. 不論從哪個地方拉，形狀都不會跑掉！

☆ 襪子 ☆

1. 將左右腳襪子相疊，折成三摺（長襪可折四摺）。
2. 撐開鬆緊帶，以反轉方式將襪子往內塞。
※短襪的話可以只摺2摺。
※襪套可左右腳相疊後摺成2摺。

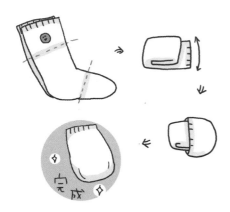

☆ 絲襪 ☆

1. 雙腳沿著接縫處對摺。
2. 縱向再對摺。
3. 接著再朝縱向摺3摺。
4. 撐開鬆緊帶，以反轉方式將絲襪往內塞。

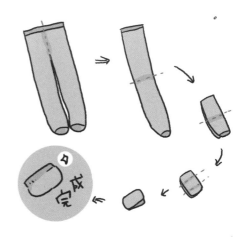

☆ 胸罩 ☆

1. 解開勾釦，從中央處對摺。
2. 將左右兩邊的背帶塞進罩杯內。
3. 肩帶以畫8字方式捲在罩杯上。

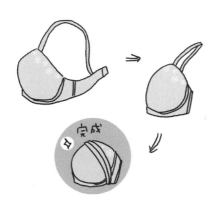

☆ 四角內褲 ☆

1. 於1／3處將左右邊向內摺。
2. 縱向摺成3摺後，將褲腳往內塞入腰圍的鬆緊帶內。

衣物的 吊掛方法

隨便吊掛衣物容易造成衣物變形，而衣服塞得太密集，也容易擠出皺摺。要記得，掛衣服時要搭配使用合適形狀的衣架，收納的數量也不要超過八成。

此外，穿過的衣物不要馬上收納，將灰塵撢掉後在通風處暫放一會兒，等濕氣散掉之後再收起來。

☆ 西裝・外套

厚型衣架

每次吊掛時要改變一下長褲對摺的位置，以免壓出摺線

肩膀線條要與衣架吻合

口袋裡的物品要拿出來

扣上一顆鈕釦

☆ 罩衫・連身裙

肩膀線條要與衣架吻合

有裝飾品設計的衣服，吊掛時要和相鄰的衣服隔出足夠的空間

☆ 裙子

材質較細緻的衣物，夾掛的同時可另外再墊一塊布，以免留下夾痕。

將腰圍處的皺摺拉平之後再夾掛起來

☆ 領帶・皮帶

利用領帶專用吊掛架就更方便了。如果要收入抽屜，將領帶捲起來再放進去。

☆ 帽子 ☆

將帽子疊起來，裡面塞入針織帽等較不會變皺的帽子當內墊。

☆ 鞋子 ☆

非當季或少穿的鞋子不穿時可放進鞋盒內收起來。由於鞋盒是可以堆疊的，即便放在鞋櫃外也OK。鞋子收進鞋盒之前一定要先處理，將紙塞入鞋子內，可以避免鞋子變形。

☆ 包包

耳環（左右兩只放在一起）或戒指，最好能夠放在珠寶盒之類裡面已經隔成許多小隔間的盒子裡。把項鍊掛起來，就不怕纏成一坨了。

☆ 飾品

大多數的包包都容易變形，裡面可以塞點紙，包包就不怕受擠壓了。如果是有印字的紙，最外層一定要使用白紙，以免油墨沾染到包包上。真皮包包容易發霉，一定要收在通氣性佳的袋子內，不要放在箱子裡。

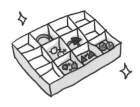

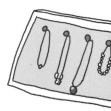

衣物換季

換季時若懶得處理，衣服很容易出現黃斑，或者被蟲咬破洞。為了延長衣服的使用年限，一定要遵守基本法則，才能讓衣服長期存放。

此外，換季時也是處理衣物的好時機。當季沒有穿的衣物可以認定它已經過時，乾脆還是丟了吧。

衣物換季時間

11月　將厚重的外套拿出來

10月　把夏季服裝收起來，拿出冬裝

6月　開始拿出夏季服裝

4月　將冬季服裝全都收好，取出春裝

3月　把厚重的外套類收起來

◎ 衣物換季的基本法則 ◎

① 洗過之後（或送乾洗店）才能收納

穿過的衣物一定要清洗乾淨之後才可以收納起來。即便外表看起來很乾淨，但衣服上畢竟沾有汗水之類的髒污，長期放置很可能招來蟲咬或形成黃斑。送乾洗店洗過的衣物外面大多會罩著塑膠套，直接收納的話，由於裡面可能藏有濕氣，很容易發霉，最好把外面那層塑膠套拆掉再收納。

記得先把塑膠套拆掉哦。

蟲蛀　　黃斑　　黴菌

別擠！
別擠啦！！

② 不要一次 塞進太多衣物

要注意收納箱裡是否塞了太多衣物，這樣不但會讓衣服變形、變皺，特地放進去的防蟲劑效果也會減弱。收納箱裡只要放八分滿的衣物就夠了。

③ 當心使用的防蟲劑

萘 樟腦

防蟲劑成分可分「萘（naphthalene）」與「樟腦」等好幾種。這些同時使用所產生的化學反應，可能會造成污漬甚至溶解衣物。因此，一個地方只要使用一種防蟲劑即可。

老公的
衣服

老婆的
衣服

④ 依照衣服的使用人來分類收納

以「老公」「老婆」「孩子」等方式，按照使用人來分類收納。若是將外套歸外套、針織衫歸針織衫，像這樣按照衣服種類分類，下次拿出來穿之後，又得重新分類了。

找找看哪一季的
衣服忘了換季！

春

夏

秋

冬

明年見…

廚房內的收納方法

食品類

調味料最好放在瓦斯爐附近,方便取用。由於調味料大多容易吸收濕氣,最好避免放在流理台下方。

刀叉收納盒等小配件

收納在抽屜內。叉子、湯匙、橡皮圈、筷子架等等,依照種類來分類。無法分類的物品,就放在不要的小盒子裡。

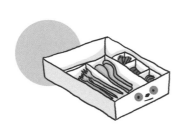 

餅乾盒等

餐具類

收納時將相同大小或深度的餐具疊放在一起。常用的茶杯、飯碗等可以盡量擺在方便拿取的位置。

常用物品

調理工具

炒菜鍋、湯鍋、炒菜鏟等收放在瓦斯爐附近，盆子、砧板等則收納在洗手槽附近，做菜時就更方便了。

湯勺、炒菜鏟

湯鍋、炒菜鍋

盆子

冰箱

需要趁早吃掉的食物放在靠前面的位置。冰箱內塞太多東西時會使溫度升高，最好保留一點適當的空間。相反的，冷凍庫一打開會使冷空氣外洩，因此塞多一點東西無妨。抽屜式的冷凍（冷藏）櫃原則上採取「直立排放」的方式收納食材。

保留適當的空間！

直立排放，多塞一些

冰溫室

使用便利的收納方式

讓人不再有壓力；

料理技巧

好像

也有進步哦…

那是妳自以為是吧…

其他

客人用的棉被組可以收納在壓縮袋內。平日使用的棉被如果是收在壁櫥裡，底下與側面可以鋪上木頭棧板，保持空氣流通。

看診單、母子手冊、健康檢查報告等。

孩子的勞作作品、獎狀、家庭聯絡簿等。

收據、提款明細、折扣券等。

操作說明書、契約書等會逐漸增多的文件，收藏在附有口袋的檔案夾內，使用起來更方便。按照自己的使用習慣，依「財務」「健康」「操作說明書」「契約書」「重要資訊」「回憶」等方式來分類收納。

暫存類

在各自的房間內放置一個暫存箱，擺放家居服、睡衣等「只穿一下子，還不需要清洗」的衣物，整理起來更方便。

現在的入江家

財務、健康、家事…

關於婚姻生活的必要資訊都盡可能介紹給大家了，不知道對你的婚姻生活是否有一點點小幫助？

針對各方面專家的採訪結束之後，要說入江家有什麼樣的改變嘛…

食材也遵守正確的保存方式…

料理技巧卻沒有跟上腳步！

只是最重要的

拚老命的努力存錢…

還不夠買我的夢想屋呀！

喀啦喀啦

事實上並沒有什麼巨大的改變！

老實說…

採訪結束後，曾經有段時間我的主婦使命感也跟著熊熊燃燒！

這也要做！那也要做！要那也要做！！

平日也經常打掃…

只要稍微覺得累，房間立刻就變得髒兮兮！

198

後　記

「要不要以婚姻生活為主題，出一本實用的圖文書呀？」當我收到這封e—mai，剛好是我結婚剛滿3個月的時候。說來也太湊巧，此時也恰好是剛發生過本書一開始所寫的「老公大爆料事件」之時。

我非常驚訝時間竟會如此湊巧，但老實說，當時的我曾經因為「像我這種糟糕的家庭主婦有什麼好寫的……」而退縮，考慮推辭這件工作。

不過，出版社編輯卻非常正面地鼓勵我：「就是糟糕才好呀！這樣的人才能鉅細靡遺地寫出簡單易懂的好內容！」也因此有了這本書的誕生。

對於婚姻生活應該了解的事項，我都寫在這本書裡了。

雖然很多都與我個人的興趣相關，但若能對各位的婚姻生活有些許助益，我會非常開心的。

200

最後要說的是…

爽快地答應接受採訪、並以簡單易懂的方式教導我諸多技巧的專家們，

總是以溫暖的眼神關愛著我的新家人，

從遠方嚴厲地鞭策我的父母親、兄弟姊妹及好友們，

百忙之中抽空幫我上色、包容工作時老是發脾氣的我、全力支持我的老公，

以及當我這個糟糕主婦堅強靠山的松永編輯……

真的非常感謝大家！

誠摯祝福各位讀者的家人們，都能成為全世界最幸福的人！

入江久繪

資料提供・指導

（依照目次排序，省略敬稱）

❀關於理財❀

FPwoman*club　隸屬Pal System千葉FP團隊
財務規劃師　辻聰子
HP　http://plaza.rakuten.co.jp/sato8912/

［台灣版內容審訂］
三一國際會計師事務所
執業會計師＆私人理財顧問　林瑛逸

❀關於健康❀

高島診所
院長　高島正樹・護士　高島玲子
東京都新宿區上落合2-18-15　TEL 03-3371-2101
HP　http://www.takashimaclinic.jp/pc/

❀料理基本篇❀

「懶媽媽的生活智慧袋」網站管理人
友繪

HP　http://zubora-mama.com/
E-mail　info@zubora-mama.com

❀打掃&洗衣基本篇❀

花王株式會社
生活者研究中心

東京都中央區日本橋茅場町1-14-10
HP　http://www.kao.co.jp/

❀收納基本篇❀

Studio HAGA主宰

整理收納諮詢師　芳賀裕子

HP　http://www.studio-haga.com/
E-mail　studiohaga@flute.ocn.ne.jp

感謝各位的鼎力協助。

附　錄
（請上網搜尋）

♣ 健康諮詢 ♣

台灣國際醫療網

國家網路醫院家庭百科

FDA「藥物食品安全週報」

臺北市觀光醫療網

中華民國更年期協會

5151線上健康照護網

衛生福利部國民健康署：健康九九網站

戒菸專線服務中心

♣ 家事討論 ♣

BabyHome寶貝家庭親子網（家事輕鬆做）

FB社群：家事達人

♣ 理財諮詢 ♣

家庭財務醫生Ken88

家庭理財網

FB社群：家庭理財

2013台灣祝福新人訂婚結婚禮金行情表

		不熟鄰居與久未聯絡的親戚/前同事/朋友/同學/同袍/客戶/學生			普通親戚或常往來鄰居及朋友/同學/客戶			世交/常往來親戚/同學/同事/主管部屬/重要客戶			兄弟姐妹/摯友/有恩的對象		
		禮到	1人到	2人到	禮到	1人到	2人到	禮到	1人到	2人到	禮到	1人到	2人到
台北市	五星級飯店	600以上	2000以上	3600以上	1200以上	2200以上	6000以上	1600以上	3000以上	6600以上	2000以上	3600以上	10000以上
	四星飯店	600以上	2000以上	3000以上	1200以上	2200以上	3600以上	1600以上	2600以上	6000以上	2000以上	3000以上	6600以上
	大型場地餐廳	600以上	2000以上	3000以上	1200以上	2200以上	3600以上	1600以上	2600以上	6000以上	2000以上	3000以上	6600以上
	一般餐廳	600以上	1600以上	2600以上	1200以上	2000以上	3000以上	1600以上	2200以上	3600以上	2000以上	2600以上	6000以上
	自宅搭棚辦桌	600以上	1600以上	2200以上	1200以上	1600以上	2600以上	1600以上	2000以上	3000以上	2000以上	2200以上	3600以上
新北市／基隆	五星級飯店	600以上	2000以上	3200以上	1200以上	2200以上	3600以上	1600以上	2600以上	6000以上	2000以上	3000以上	6600以上
	四星飯店	600以上	1600以上	2600以上	1200以上	2000以上	3000以上	1600以上	2200以上	3600以上	2000以上	2600以上	6000以上
	大型場地餐廳	600以上	1600以上	2600以上	1200以上	2000以上	3000以上	1600以上	2200以上	3600以上	2000以上	2600以上	6000以上
	一般餐廳	600以上	1600以上	2200以上	1200以上	1600以上	2600以上	1600以上	2000以上	3000以上	2000以上	2200以上	3600以上
	自宅搭棚辦桌	600以上	1200以上	2000以上	1200以上	1600以上	2200以上	1600以上	2000以上	2600以上	2000以上	2200以上	3000以上
桃園／新竹	五星級飯店	600以上	2000以上	3000以上	1200以上	2200以上	3200以上	1600以上	2600以上	3600以上	2000以上	3000以上	6600以上
	四星飯店	600以上	1600以上	2600以上	1200以上	2000以上	3000以上	1600以上	2200以上	3200以上	2000以上	2600以上	6000以上
	大型場地餐廳	600以上	1600以上	2600以上	1200以上	2000以上	3000以上	1600以上	2200以上	3200以上	2000以上	2600以上	6000以上
	一般餐廳	600以上	1200以上	2200以上	1200以上	1600以上	2600以上	1600以上	2000以上	3000以上	2000以上	2200以上	3600以上
	自宅搭棚辦桌	600以上	1200以上	1600以上	1200以上	1600以上	2000以上	1600以上	2000以上	2200以上	2000以上	2200以上	2600以上
台中／台南／高雄	五星級飯店	600以上	2000以上	3000以上	1200以上	2200以上	3200以上	1600以上	2600以上	3600以上	2000以上	3000以上	6000以上
	四星飯店	600以上	1600以上	2600以上	1200以上	2000以上	3000以上	1600以上	2200以上	3200以上	2000以上	2600以上	3600以上
	大型場地餐廳	600以上	1600以上	2600以上	1200以上	2000以上	3000以上	1600以上	2200以上	3200以上	2000以上	2600以上	3600以上
	一般餐廳	600以上	1200以上	2200以上	1200以上	1600以上	2600以上	1600以上	2000以上	3000以上	2000以上	2200以上	3200以上
	自宅搭棚辦桌	600以上	1200以上	1600以上	1200以上	1600以上	2000以上	1600以上	2000以上	2200以上	2000以上	2200以上	2600以上
其他地區	五星級飯店	600以上	1600以上	2200以上	1200以上	2200以上	2600以上	1600以上	2600以上	3000以上	2000以上	3000以上	3600以上
	四星飯店	600以上	1600以上	2000以上	1200以上	2000以上	2200以上	1600以上	2200以上	2600以上	2000以上	2600以上	3000以上
	大型場地餐廳	600以上	1200以上	2000以上	1200以上	2000以上	2200以上	1600以上	2200以上	2600以上	2000以上	2600以上	3000以上
	一般餐廳	600以上	1200以上	1600以上	1200以上	1600以上	2000以上	1600以上	2000以上	2200以上	2000以上	2200以上	2600以上
	自宅搭棚辦桌	600以上	1200以上	1600以上	1200以上	1600以上	2000以上	1600以上	2000以上	2200以上	2000以上	2200以上	2600以上

◆小叮嚀：

1. 以上根據各地區餐廳喜宴價格行情作為最低額數字參考，依新台幣計算，可看個人經濟狀況預算調整。
2. 建議參加女方訂婚時，因有發喜餅，可多600~1000元湊成吉利數字。
3. 攜伴參加要增加禮金額度，以避免宴客成本過高，新人無法負擔。
4 新人給招待人員、伴郎、伴娘、司機者的紅包行情為600~3600元(尤其是出借禮車者至少1600元起跳)

（資料來源：百麗網‧網友瑞鋼提供）

TITAN 099

結婚一年級生

入江久繪◎著　陳怡君◎譯

出版者：大田出版有限公司
台北市10445中山北路二段26巷2號2樓
E-mail：titan3@ms22.hinet.net
http：//www.titan3.com.tw
編輯部專線（02）25621383
傳真（02）25818761
【如果您對本書或本出版公司有任何意見，歡迎來電】

總編輯：莊培園
副總編輯：蔡鳳儀　編輯：張家綺
行銷助理：高欣妤
校對：鄭秋燕・陳怡君
初版：2014年（民103）四月三十日
定價：新台幣 280 元

國際書碼：ISBN：978-986-179-326-9 / CIP：420/103000852

KEKKON ICHINENSEI
Copyright © 2007 Hisae Irie
All rights reserved.
Original Japanese edition published in 2007 by SANCTUARY PUBLISHING Inc.
Complex Chinese Character translation rights arranged with SANCTUARY PUBLISHING Inc.
Through Owls Agency Inc.,Tokyo.

iPen i畫畫
www.facebook.com/titan.ipen

歡迎加入ipen i畫畫FB粉絲專頁，給你高木直子、恩佐、wawa、鈴木智子、澎湃野吉、
森下惠美子、可樂王、Fion……等圖文作家最新作品消息！圖文世界無止境！

To：**大田出版有限公司**　（編輯部）**收**

地址：台北市10445中山區中山北路二段26巷2號2樓
電話：（02）25621383　傳真：（02）25818761
E-mail：titan3@ms22.hinet.net

From：地址：
　　　姓名：

大田精美小禮物等著你！

只要在回函卡背面留下正確的姓名、E-mail和聯絡地址，
並寄回大田出版社，
你有機會得到大田精美的小禮物！
得獎名單每雙月10日，
將公布於大田出版「編輯病」部落格，
請密切注意！

大田編輯病部落格：http：//titan3.pixnet.net/blog/

智　慧　與　美　麗　的　許　諾　之　地

讀 者 回 函

你可能是各種年齡、各種職業、各種學校、各種收入的代表，

這些社會身分雖然不重要，但是，我們希望在下一本書中也能找到你。

名字／＿＿＿＿＿＿ 性別／□女 □男　　出生／＿＿＿年＿＿月＿＿日

教育程度／

職業：□ 學生□ 教師□ 內勤職員□ 家庭主婦 □ SOHO 族□ 企業主管

　　　□ 服務業□ 製造業□ 醫藥護理□ 軍警□ 資訊業□ 銷售業務

　　　□ 其他 ＿＿＿＿＿＿＿＿＿＿＿＿＿＿＿＿＿＿＿＿＿＿＿

E-mail/＿＿＿＿＿＿＿＿＿＿＿＿＿＿＿＿＿ 電話／＿＿＿＿＿＿＿＿＿＿＿

聯絡地址：

你如何發現這本書的？　　　　　　　　　　　　　　書名：結婚一年級生

□書店閒逛時＿＿＿＿書店 □不小心在網路書站看到（哪一家網路書店？）＿＿＿＿

□朋友的男朋友(女朋友)灑狗血推薦 □大田電子報或編輯病部落格 □大田 FB 粉絲專頁

□部落格版主推薦 ＿＿＿＿＿＿＿＿＿＿＿＿＿＿＿＿＿＿＿＿＿＿＿＿＿＿＿

□其他各種可能 ，是編輯沒想到的 ＿＿＿＿＿＿＿＿＿＿＿＿＿＿＿＿＿＿＿＿

你或許常常愛上新的咖啡廣告、新的偶像明星、新的衣服、新的香水……

但是，你怎麼愛上一本新書的？

□我覺得還滿便宜的啦！ □我被內容感動 □我對本書作者的作品有蒐集癖

□我最喜歡有贈品的書 □老實講「貴出版社」的整體包裝還滿合我意的 □以上皆非

□可能還有其他說法，請告訴我們你的說法

＿＿＿＿＿＿＿＿＿＿＿＿＿＿＿＿＿＿＿＿＿＿＿＿＿＿＿＿＿＿＿＿＿＿＿＿＿

你一定有不同凡響的閱讀嗜好，請告訴我們：

□哲學 □心理學 □宗教 □自然生態 □流行趨勢 □醫療保健 □ 財經企管□ 史地□ 傳記

□ 文學 □ 散文□ 原住民 □ 小說□ 親子叢書□ 休閒旅遊□ 其他 ＿＿＿＿＿＿＿＿＿＿

你對於紙本書以及電子書一起出版時，你會先選擇購買

□ 紙本書□ 電子書□ 其他＿＿＿＿＿＿＿＿＿＿＿＿＿＿＿＿＿＿＿＿＿＿＿＿＿

如果本書出版電子版，你會購買嗎？

□ 會□ 不會□ 其他＿＿＿＿＿＿＿＿＿＿＿＿＿＿＿＿＿＿＿＿＿＿＿＿＿＿＿

你認為電子書有哪些品項讓你想要購買？

□ 純文學小說□ 輕小說□ 圖文書□ 旅遊資訊□ 心理勵志□ 語言學習□ 美容保養

□ 服裝搭配□ 攝影□ 寵物□ 其他 ＿＿＿＿＿＿＿＿＿＿＿＿＿＿＿＿＿＿＿＿

請說出對本書的其他意見：

大田出版有限公司編輯部 感謝您！